Astronomie et religion en Occident

D1661765

Astronomie et religion en Occident

PAR LOUIS ROUGIER

Presses Universitaires
de France

ISBN 2 13 036449 7

1re édition : 3e trimestre 1980
© Presses Universitaires de France, 1980
108, Bd Saint-Germain, 75006 Paris

Avertissement

En 1933 une nomination à l'Université royale du Caire me permit de disposer de l'extraordinaire richesse de la bibliothèque de l'Institut français d'Archéologie orientale, fondée par Bonaparte lors de sa campagne d'Egypte. C'est ainsi, en confrontant quantité de textes grecs et latins, que je parvins à reconstituer les origines astronomiques de la croyance en l'origine et en l'immortalité céleste des âmes qui fit son apparition dans le monde grec au cours de la seconde moitié du cinquième siècle avant notre ère.

Cette croyance repose sur trois préalables : la croyance en la dualité du monde qui oppose le monde céleste au monde terrestre, la divinité des astres, la parenté des âmes et des astres. Cette croyance, fondée sur l'astronomie savante des Pythagoriciens, transforma radicalement la représentation que les peuples de l'Orient méditerranéen se faisaient de l'origine, de la nature et de la destinée des âmes. A la conception du souffle vital qui se dissipe avec la mort, à la foi en la survie des Ombres vaines qui répètent en gestes inefficaces, dans le Royaume souterrain des morts, les travaux de l'existence terrestre, elle substitua l'idée d'une âme d'essence céleste, égarée en ce bas monde comme en une terre d'exil, destinée à retourner à sa patrie d'origine, pour goûter, en compagnie des dieux sidéraux, une immortalité radieuse. Elle transféra les Champs-Elysées des Egyptiens et des Orphiques des entrailles de la terre dans le champ des étoiles, et fit du Royaume des morts le Royaume des Cieux.

Le résultat de mes recherches parut en 1933 dans les « Recherches d'archéologie, de philologie et d'histoire » de l'Institut français d'Archéologie orientale sous le titre L'origine astronomique de la croyance pythagoricienne en l'immortalité céleste des âmes. Il reposait sur un appareil critique qui tenait compte de toutes les citations antiques grecques et latines relatives à ce sujet. En 1959, P.-L. Couchoud, qui dirigeait alors la collection « Mythes et Religions » aux Presses Universitaires de France, me demanda de résumer en un petit volume pour le grand public, dans le format de la collection, l'ensemble de mes recherches, sous le titre La religion astrale des Pythagoriciens.

Ce petit ouvrage étant épuisé depuis 1972, l'idée me vint d'abréger encore le même sujet, mais en le prolongeant jusqu'à l'époque contemporaine. C'est l'origine de ce troisième ouvrage, destiné au grand public, sous le titre L'astronomie et ses implications religieuses en Occident.

Introduction

Dans un de ses ouvrages, Henri Poincaré pose cette question : « Pourquoi les gouvernements et les parlements consacrent-ils des sommes considérables à une des sciences les plus coûteuses : l'Astronomie ? Les astres sont si loin, si complètement étrangers à nos luttes électorales ? » La réponse vient aussitôt : c'est à l'astronomie que nous devons la notion de loi. « La loi est une des conquêtes les plus récentes de l'esprit humain ; il y a encore des peuples qui vivent dans un miracle perpétuel et qui ne s'en étonnent pas. C'est nous au contraire qui devrions nous étonner de la régularité de la nature. Les hommes demandent à leurs dieux de prouver leur existence par des miracles ; mais la merveille éternelle, c'est qu'il n'y ait pas sans cesse des miracles. »

Il semble à première vue que la conception d'un Univers soumis à des lois conduise à l'idée d'un déterminisme exclusif de toutes causes finales et de toute croyance religieuse. En réalité, ce fut loin d'en être le cas.

Les Grecs s'accordaient à reconnaître que l'astronomie est née en Mésopotamie. Les infatigables observateurs des tours à étages de la vallée de l'Euphrate interprétèrent la régularité du mouvement des étoiles fixes comme la preuve que les astres sont dirigés par des esprits intelligents qu'ils assimilèrent à des dieux. Les planètes, par leurs mouvements erratiques, étaient considérées comme les interprètes de leurs volontés concernant les humains.

La régularité des mouvements célestes conduisit les Babyloniens à considérer que le Monde repasse éternellement par les mêmes états. Pour désigner les dieux sidéraux, ils se servirent d'épithètes qui, transcrites en grec et en latin, ont créé la terminologie de notre théodicée occidentale.

L'astrologie des Chaldéens et des Babyloniens suppose la coplanarité de tous les astres, si bien que leur astronomie demeure uniquement descriptive. Il en fut autrement avec l'astronomie géométrique et explicative des Pythagoriciens qui rend compte des mouvements des corps célestes dans un Univers dilaté. Comme les Mésopotamiens, les Pythagoriciens interprétèrent la régularité du mouvement des astres comme la preuve que ce sont des dieux. Ce faisant, ils entrèrent en violent conflit avec ceux qu'on appelait à Athènes les Météorologues. Ceux-ci considéraient les étoiles fixes et les planètes comme de nature terreuse et ils expliquaient tous les phénomènes, célestes et terrestres, comme les effets de la Nature et du Hasard. Le conflit entre les Pythagoriciens et les Météorologues provoqua à Athènes, sous le principat de Périclès, des procès d'impiété, dont les plus illustres victimes furent Anaxagore et Socrate. Tel fut le premier conflit entre l'astronomie et la religion qu'enregistre l'histoire en Occident.

Le christianisme s'accommoda de la conception des Mésopotamiens, des Grecs et des Romains d'un Univers clos et fini contenu dans l'orbe des étoiles fixes, dont le centre est occupé par la Terre faite pour accueillir l'homme, le roi de la création. Mais le Monde cesse d'être éternel : il a un commencement et une fin. Au polythéisme astral succède un Dieu unique, extra-mondain et créateur. Les astres cessent d'être des dieux. Ils sont mus par des anges et chantent la gloire du Très-Haut. Pour accorder la figure du Monde transmise par les Anciens avec les Ecritures, il suffit de superposer à la sphère de fixes un ciel cristallin où sont contenues les eaux célestes et, sommant le tout, l'Empyrée, séjour de la Trinité, des Saints et des Bienheureux.

Cette image du Monde fut démantelée une première fois par le système de Copernic, qui priva la Terre de sa position privilégiée pour en faire une simple planète gravitant autour du Soleil. Un démantèlement beaucoup plus fondamental fut porté par la lunette de Galilée qui fit voler en éclats toute la cristallerie des sphères célestes. Au monde clos et fini des Anciens

11

et du Moyen Age, Galilée substitue un monde ouvert comportant d'innombrables systèmes solaires comme Jupiter et ses quatre satellites. Ce monde infini enthousiasma Giordano Bruno sur son bûcher, mais donna le vertige à Pascal, égaré entre deux infinis. Le procès de Galilée fut le second grand conflit entre l'astronomie et la religion qu'enregistra l'histoire en Occident.

Ce conflit paraissait imparable. Il fut surmonté contre toute attente par le continuateur de l'œuvre de Copernic, de Kepler et de Galilée, par Newton. S'appuyant sur les lois des mouvements des planètes autour du Soleil découvertes par Kepler, Newton put édifier une Mécanique céleste, si simple en ses moyens, si riche en ses effets, que les contemporains y reconnurent la main du Créateur. Le Newtonisme réconcilia pour un temps l'astronomie et la religion et donna lieu à une tentative d'expliquer tous les phénomènes naturels par la seule considération des causes finales.

Ce fut le plus illustre successeur de Newton, Laplace, qui, par un singulier retournement des esprits, sembla mettre fin à cette idylle de l'astronomie et de la foi. Il dénonça dans son *Traité de mécanique céleste* les inconséquences de Newton et proposa dans son *Exposition du système du monde* une explication de la formation du système solaire, à partir d'une nébuleuse primitive, par des causes purement mécaniques. Il montra que l'histoire du progrès de l'esprit humain a consisté à reculer constamment l'explication par les causes finales, auxquelles il substitue un déterminisme rigoureux.

Des phénomènes résiduels, impliqués dans la mécanique céleste de Newton même révisée par Laplace, conduisirent Einstein à substituer à la loi si simple de la gravitation de Newton une loi extrêmement compliquée et vérifiée par l'expérience qui fait perdre aux Newtoniens leur argument majeur : la simplicité des lois de la nature.

L'interprétation du décalage vers le rouge dans les spectres des nébuleuses extra-galactiques, comme étant un effet Döppler, a conduit à la théorie de l'Univers en expansion à partir d'un état extrêmement condensé, appelé par Lemaître l'Atome primitif. Celui-ci aurait volé en éclats comme un shrapnel, provoquant la récession des nébuleuses, il y a quelque dix milliards d'années. Certains croyants y ont vu la preuve physique de la création. Malheureusement les dates ne coïncident pas avec celles de l'Ecriture. Le *big bang* n'est qu'une hypothèse parmi plusieurs autres, qui toutes laissent inexpliqués certains phénomènes nouvellement détectés, comme les quasars.

L'histoire des rapports de l'astronomie et de la religion en Occident montre comment les esprits réagissent suivant leur propre tempérament et les idées courantes de leur époque. Chez les uns prédomine le besoin de donner un sens au Cosmos et à leur propre vie ; chez d'autres l'emporte la soif inextinguible de connaître, dût la vérité être triste. Chaque époque a son climat. Au grand siècle il est convenable d'être croyant, au xviiie siècle il est séant d'être un esprit fort. Chaque individu, comme chaque époque, obéit à son propre tempérament.

L'astronomie descriptive
des Mésopotamiens

L'astronomie est née des premiers regards des peuples primitifs posés sur le ciel étoilé. Ils furent frappés par l'alternance des jours et des nuits, le rythme des saisons, les phases de la Lune. Dès la plus haute Antiquité, ils composèrent des calendriers et élaborèrent des cosmogonies.

COMMENT L'ASTRONOMIE DESCRIPTIVE
DES MÉSOPOTAMIENS EST ISSUE
DE LEURS CROYANCES ASTROLOGIQUES

Les Grecs s'accordaient à déclarer que, si la géométrie est née en Egypte des mesures au cordeau des Harpédonapes, chargés de rétablir le cadastre après les crues du Nil, l'astronomie est née en Mésopotamie. Les infatigables observateurs des tours à étages de Babel, de Borsuppa, d'Erech, de Ninive, de Nippur, d'Ourouket, de Sippara découvrirent que la révolution diurne des étoiles se fait autour d'un axe passant par celle qui ne bouge pas, la polaire. L'observation des levers et des couchers des astres dans les rayons du Soleil leur révéla que celui-ci se déplace à travers le troupeau discipliné des étoiles suivant un cercle oblique à l'équateur de la sphère céleste, le cercle de l'*écliptique*, entre les deux limites d'une bande étoilée, le *zodiaque*, que les Babyloniens divisèrent en douze secteurs égaux, chacun caractérisé par une constellation particulière, dont l'ensemble forme les signes du Zodiaque. Ils distinguèrent parmi les étoiles fixes des astres errants, les planètes, qui décrivent leur cours sinueux parmi la faune céleste des constellations[1].

Diodore de Sicile nous apprend que les planètes recevaient des Chaldéens le nom d'*Interprètes*[2] parce que leurs mouvements variables étaient censés manifester aux hommes les sentences des Justiciers célestes, les dieux sidéraux : ce fut un des principes fondamentaux de l'Astrologie chaldéenne qui considérait que la Terre n'était que la réplique de la carte des cieux et que tous les événements terrestres étaient sous la dépendance des événements célestes : conjonctions d'astres, oppositions, triangulations, exaltations, éclipses de Soleil et de Lune, apparitions cométaires, etc. Un second principe était le suivant : le Soleil, la Lune, les planètes, astres errants, se meuvent sur le même plan que les étoiles fixes, comme des bergers qui se déplacent parmi la masse compacte de leurs troupeaux. « L'astrologie, déclare Bouché-Leclercq, postule un contact immédiat des planètes avec des étoiles qui leur servent de troupeaux, de maisons, de reposoirs. L'astrologie a été imaginée par des gens qui croyaient tous les astres, fixes et mobiles, à la même distance de la Terre, ceux-ci circulant au milieu de ceux-là, échangeant entre eux leurs sympathies et leurs antipathies, combinant leurs influences, se guettant, s'attendant, se dépassant, se visant de tous les points de la route, suivant les règles d'une balistique compliquée »[3].

C'est en partant de ces deux principes : démarche capricieuse des planètes, coplanarité des planètes et des étoiles fixes, que les Chaldéens développèrent scientifiquement leur astronomie, à partir de l'adoption du calendrier solaire par Nabonassar en 747 avant notre ère, dans la limite des besoins de leur astrologie. Celle-ci postulait que la destinée d'un individu dépend de l'état du ciel à sa naissance et de la position des planètes et des constellations, à tout moment de la durée, par rapport à un cercle gradué et rigide, appelé le *cercle de la géniture*, construit en partant du point du Zodiaque qui se lève à l'horizon au Levant, l'*horoscope*, à l'instant précis de la naissance, et divisé en douze secteurs égaux par des perpendiculaires à l'écliptique. Fixe par rapport à la Terre, ce cercle est une armature rigide, une roulette gigantesque sur laquelle courent les planètes comme autant de boules lancées par la main du Destin, et à travers les mailles duquel circulent les signes mobiles du Zodiaque avec toute la machine cosmique. Les prédictions se tirent de la position, à tout instant de la durée, des planètes et des constellations par rapport au cercle gradué de la géniture.

Pour déterminer ces positions, il fallait calculer la vitesse angulaire apparente avec laquelle tournent les constellations et circulent les planètes au travers d'elles. Cette détermination fut faite pour la première fois par les Chaldéens qui arrivèrent à construire des éphémérides complètes du Soleil, de la Lune, avec des prédictions d'éclipses comme on en trouve sur une tablette de l'an 7 de Cambyse. Ils découvrirent la durée que met chaque planète pour revenir à sa position initiale par rapport au Soleil, sa *révolution zodiacale*, et la durée qu'elle met pour revenir à la même position par rapport aux étoiles fixes, sa *révolution synodique*. Ils arrivèrent à repérer des périodes exprimant, en un nombre entier d'années solaires, un nombre entier de révolutions synodiques : par exemple, en huit ans, Vénus accomplit cinq révolutions synodiques ; en douze ans, Jupiter en accomplit onze ; ou, avec une exactitude plus poussée, Vénus accomplit soixante-cinq révolutions synodiques en soixante et onze ans, et Jupiter, soixante-seize en quatre-vingt-trois ans. En relevant tout ce qui pouvait être observé au sujet de chaque planète (progressions, stations, rétrogradations, excursions en longitude et latitude, conjonctions et oppositions avec le Soleil, passages près des étoiles, levers et couchers héliaques,

entrées dans les divers signes du Zodiaque), ils construisirent des éphémérides perpétuelles. En confrontant les
éphémérides perpétuelles des cinq planètes avec les
éphémérides annuelles du Soleil et de la Lune, les Babyloniens construisirent de véritables Tables des Temps.

Les astronomes babyloniens découvrirent enfin que
les révolutions synodiques des planètes, les révolutions
annuelles du Soleil et de la Lune sont des sous-multiples
d'une même période commune, la Grande Année, au
terme de laquelle le Soleil, la Lune et les planètes
reprennent leur position initiale par rapport aux étoiles
fixes.

II.

CONSÉQUENCES RELIGIEUSES
QUE LES CHALDÉENS ET LES BABYLONIENS
DÉDUISIRENT DE LEURS
OBSERVATIONS ASTRONOMIQUES

De la régularité des circulations célestes, les Babyloniens tirèrent trois conséquences.

De la régularité des circulations célestes ils conclurent
qu'elles ne sont pas l'effet du hasard, mais d'une intelligence ordonnatrice qui les conduisit à assimiler les
astres à des dieux sidéraux.

De la périodicité des mouvements célestes, qui se
répètent sempiternellement identiques à eux-mêmes, ils
inférèrent que le monde est éternel.

Du retour de tous les astres à leur position initiale,
ils conclurent à l'Eternel Retour de toutes choses.

Les deux premières conséquences sont attestées par

Diodore de Sicile : « Les Chaldéens déclarent que le monde est éternel : il n'a pas de commencement, il n'aura jamais de fin. Selon leur philosophie, l'ordre et l'harmonie du monde sont dus à une Providence divine. Les divers phénomènes qui se passent actuellement au Ciel ne s'accomplissent pas au hasard et spontanément, mais par une décision des dieux fixée d'avance et fermement arrêtée »[4].

Le dogme de l'éternité du monde était une très grande nouveauté. La pensée primitive, assimilant le monde à un processus biologique, lui prête généralement un commencement, une maturité et une fin. La croyance en l'éternité du monde deviendra un des principes de la pensée grecque et constituera une des objections dirimantes de l'Hellénisme aux dogmes judéo-chrétiens de la création *ex nihilo* et de la fin du monde. Moïse Maïmonide et Thomas d'Aquin finiront par concéder que la raison est impuissante à démontrer la nouveauté du monde et qu'on y doit croire en vertu d'un acte de foi.

Non seulement le Monde est éternel, mais aussi les astres incorruptibles qui décrivent des orbites périodiques suivant un éternel recommencement. La notion de dieux éternels était nouvelle. Jusqu'alors, les peuples croyaient en une généalogie des dieux, ce qui leur suppose un commencement. Les dieux n'étaient pas éternels, mais immortels ; et, encore, n'étaient-ils immortels que par accident, parce qu'ils mangeaient un fruit ou buvaient un breuvage magique d'immortalité, l'*arbre de vie* des Chaldéens, le *haoma* des Iraniens, le *soma* des Hindous, l'*ambroisie* des Grecs, fruit ou breuvage qui pouvaient conférer le même privilège à de simples mortels jugés dignes de s'asseoir à la table des dieux, tel Gilgamesh ou l'Héraklès dorien. Les qualificatifs d'*éternel* (ἀίδον), de très-haut (ὕψιστος), de catholique (καθολικός), de pantocrator ou tout-puissant (παντοκράτωρ) furent appliqués pour la première fois, dans les inscriptions de Syrie, aux dieux sidéraux, avant de l'être aux trois personnes de la Trinité[5]. Comme le remarque Franz Cumont, il en est de même pour les Latins : « Presque toujours, quand on trouve dans les provinces latines une dédicace à un *deus æternus*, il s'agit d'un dieu sidéral syrien et, fait remarquable, ce n'est qu'au IIe siècle de notre ère que cette épithète rentre dans l'usage rituel, en même temps que se propage le culte du dieu Ciel *(Cœlus)* »[6]. C'est de l'astrolâtrie chaldéenne que procède la terminologie de notre théodicée.

L'idée de l'Eternel Retour donne au temps une circularité que devaient rejeter les Juifs, les Chrétiens et les Gnostiques pour qui le temps est linéaire, admettant un commencement et une fin. La croyance en l'Eternel Retour fut professée par toutes les grandes Ecoles philosophiques de l'Antiquité classique : les Pythagoriciens, les Platoniciens, les Péripatéticiens, les Stoïciens, à la seule exception des Epicuriens. Elle devait s'imposer à Nietzsche dans l'Engadine comme la plus fulgurante révélation de Zarathoustra. Certains astrophysiciens, comme Tolmann, qui envisagent une évolution de l'Univers en accordéon où la flèche du temps se retournerait alternativement, font penser à un Eternel Retour.

L'astrologie devait perdre toute raison d'être dans le monde dilaté de l'astronomie géométrique des Pythagoriciens où les planètes se situent à des distances différentes de la Terre. Mais les croyances sont tenaces.

L'astrologie subsista dans une conception du monde où elle avait perdu tout fondement, mais pour le plus grand bonheur des véritables astronomes. Tycho-Brahé et Kepler ont pu vivre et réaliser leurs découvertes grâce à la crédulité des rois auxquels ils vendaient leurs prédictions fondées sur les conjonctions des astres. Comme le disait Kepler : « De quoi se plaindre, si une fille folle (l'astrologie) nourrit sa mère pauvre et sage (l'astronomie). »

L'astronomie géométrique
et explicative
des Pythagoriciens

La transformation de l'astronomie descriptive et numérique des Babyloniens en une astronomie explicative et géométrique fut l'œuvre des Pythagoriciens. A l'origine, il y a la découverte d'un des plus extraordinaires génies de l'histoire, Pythagore, génie absolument hors de pair, car il parvint à unir en lui deux formes d'esprit qui, généralement, s'excluent : l'esprit scientifique et l'esprit mystique.

I.

PYTHAGORE

Pythagore, fils de Mnésarque, naquit à Samos vers 572 av. J.-C. Il se rendit en Ionie auprès de Phérécyde de Syros, qui s'occupait surtout d'astronomie, et fut disciple d'Anaximandre. Vient une très longue période de voyages qui l'amènent en Phénicie ; en Egypte où il s'initie à la science sacerdotale des prêtres d'Héliopolis, de Memphis et de Diospolis ; à Babylone, où il est en contact avec des Mages, et peut-être avec Zoroastre. Il revient à Samos, pour en repartir, rebuté par la tyrannie de Polycrate, et s'établit en Grande Grèce, à Crotone, où il fonde, vers 530, une secte de caractère mi-religieux, mi-scientifique, qui prit ultérieurement le nom d'*Ecole italique*.

Pythagore nous apparaît d'abord, au travers des récits de ses hagiographes, comme un illuminé, thaumaturge et prophète, qui ne se croit pas seulement un envoyé investi d'une mission divine, comme Socrate, mais qui se sent lui-même une divinité incarnée, venue sur terre pour sauver le genre humain.

Mais ce mystagogue se distingue de ses confrères en prophétisme, des Bachides comme Abaris et Epiménide, en ce qu'il est doublé d'un savant. Ce visionnaire possède un des plus prodigieux génies mathématiques qui fût jamais. Géomètre, il fait progresser la géométrie dans la voie déductive où Thalès l'avait engagée. A l'évidence intuitive qui constate le comment des choses à la simple inspection des figures, il veut substituer l'évidence intelligible qui en explique le pourquoi, en montrant qu'un résultat constaté ne peut être autrement qu'il n'est, parce qu'il est la conséquence nécessaire d'un petit nombre de propositions précédemment admises. « Vint Pythagore, écrit Proclus, qui transforma la géométrie en un enseignement libéral, car il remonta aux principes premiers et chercha les théorèmes abstraitement et par l'intelligence pure »[7].

Ce mathématicien pur ne s'entend pas seulement à promouvoir la science des nombres et des figures. Il s'aperçoit que les nombres s'appliquent à l'étude des phénomènes naturels. Se servant d'un monocorde, composé d'une corde tendue sur un chevalet mobile qui permet de le diviser en segments de diverses longueurs, il observe que la hauteur des sons dépend de la longueur des cordes vibrantes. Partant de là, il formule la loi des intervalles musicaux et donne une théorie mathématique de la gamme qui porte son nom. Il en conclut que l'Univers a une structure mathématique, que les éléments qui le composent reproduisent certaines figures géométriques définies, que les phénomènes qui s'y succèdent ont entre eux des rapports commensurables, que le Monde mérite vraiment le surnom de *Cosmos*, parce qu'en lui tout est ordre, nombre, poids et mesure. Il fonde deux théories physiques : l'acoustique mathématique et l'astronomie géométrique.

II.

LA DÉCOUVERTE ASTRONOMIQUE

DE PYTHAGORE

Pour comprendre son œuvre d'astronome, il faut se souvenir que, chez lui, le géomètre est doublé d'un visionnaire. A côté de leur fonction purement mathématique, il attribuait aux figures et aux nombres des propriétés mystiques. C'est ainsi qu'il établit entre les nombres, les figures, les différentes espèces de mouvements, les régions de l'espace, un ordre de précellence. C'est lui qui proclama le dogme, qui allait régner jusqu'à Kepler, de la perfection de la sphère.

« Parmi les corps solides, il prétendait, rapporte Alexandre Polyhistor, que le plus beau est la sphère ; parmi les figures planes, que c'est le cercle »[8].

De cette perfection de la sphère, Platon donnera dans le *Timée* une justification qui devait avoir cours chez les Pythagoriciens : la sphère comprend en elle toutes les figures possibles. D'entre elles toutes, elle est la plus parfaite, étant la plus identique à elle-même, car Dieu a estimé que le semblable est mille fois plus beau que le dissemblable.

Le dogme de la perfection de la sphère traversera les âges. Il imposera à l'astronomie explicative des mathématiciens l'obligation de rendre compte du mouvement apparent des astres à l'aide de mouvements composants circulaires, équivalents à la rotation d'une sphère autour d'un axe.

De la perfection de la sphère, Pythagore déduisit qu'elle devait être la forme naturelle de la Terre et du Ciel des étoiles fixes. Il enseigna la sphéricité de la Terre et son immobilité au centre du Monde, considérée comme son lieu naturel.

Si la sphère est, parmi toutes les figures géométriques, la plus parfaite, il en résulte nécessairement que, parmi tous les mouvements concevables, le mouvement circulaire, qui se ferme sur lui-même et se reproduit identiquement en toutes ses phases, est aussi le plus parfait. Partant de l'hypothèse géocentrique et sous l'empire de ces réflexions, il advint un jour à Pythagore de faire une découverte d'une portée incalculable[9].

Le Soleil paraît se mouvoir sur la sphère céleste d'Orient en Occident, comme les étoiles fixes, mais moins vite qu'elles. Il semble, en outre, décrire, en une année, un cercle oblique par rapport au cercle de l'équateur, appelé l'écliptique, si bien que, suivant la saison, il se trouve plus ou moins au-dessous ou au-dessus de l'équateur. Enfin, il ne paraît pas se mouvoir, d'un jour à l'autre, d'un mouvement uniforme. Avant Pythagore on rendait compte de ces apparences, en disant que le Soleil était un astre errant et paresseux. D'après Stobée et le Pseudo-Plutarque, Pythagore découvrit qu'un tel mouvement irrégulier n'est qu'une apparence trompeuse, et qu'on peut expliquer la marche compliquée du Soleil en combinant deux mouvements simples, circulaires et uniformes : le premier, dirigé d'Orient en Occident, s'accomplit autour des mêmes pôles et dans le même temps que la révolution diurne de la sphère des étoiles fixes ; le second décrit en une année, d'Occident en Orient, un grand cercle de la sphère céleste, l'écliptique, dont le plan est incliné sur celui de l'équateur.

Cette découverte était grosse de conséquences. Elle montrait que l'un des astres que l'on réputait errants, bien loin de décrire sur la sphère céleste une marche capricieuse, suivait, en réalité, un cours ordonné, si bien que sa trajectoire n'apparaissait changeante que par accident, en tant que résultante, vue de la Terre, de deux mouvements simples, circulaires et uniformes. Elle fortifia en Pythagore la pensée qu'il devait en être ainsi des autres planètes, et que c'est indûment que les Chaldéens avaient désigné ces astres d'un mot sémitique qui veut dire *chèvres* pour caractériser leur démarche capricante, et les Hellènes d'un mot grec *planetes* qui veut dire *errants*. L'irrégularité de leurs mouvements était attribuable à une simple illusion d'optique.

III.
COMMENT L'ASTRONOMIE PYTHAGORICIENNE
SE RAMÈNE À UN PROBLÈME
DE GÉOMÉTRIE SPHÉRIQUE

La découverte de Pythagore enflamma l'imagination des mathématiciens grecs si sensibles à l'harmonie des combinaisons géométriques. Elle fournit, en tout cas, le critère d'après lequel devait se faire le départ entre les apparences trompeuses et la réalité, en ramenant l'explication de la démarche capricieuse des planètes sur la voûte céleste à un problème de sphérique. Voici, en effet, ce qu'écrit Géminus dans son *Introduction aux phénomènes d'Aratus* :

« Dans toute l'astronomie, on prend comme principe que le Soleil, la Lune et les cinq planètes se meuvent d'un mouvement circulaire et uniforme en sens contraire à la révolution diurne du Monde. Les Pythagoriciens, qui, les premiers, ont entrepris ces sortes de recherches supposent circulaires et réguliers les mouvements du Soleil, de la Lune et des cinq planètes. Ils n'admettent pas que ces corps divins puissent être le siège d'un désordre tel que tantôt ils courraient plus vite, tantôt marcheraient plus lentement, tantôt s'arrêteraient comme font les cinq planètes en ce qu'on nomme leurs stations. Personne, en effet, n'admettrait qu'un homme sensé et d'allure bien ordonnée pût cheminer d'une façon aussi irrégulière ; or, les nécessités de la vie sont, chez les hommes, les raisons qui les obligent à aller vite ou lentement ; mais aucune cause analogue ne se pourrait assigner en la nature incorruptible des astres. Aussi, les Pythagoriciens posent-ils cette question : *Comment peut-on sauver les apparences par le moyen de mouvements circulaires et uniformes ?* »[10].

Platon, disciple en cela des Pythagoriciens, formulait le problème fondamental de l'astronomie explicative dans les mêmes termes, d'après ce que nous rapporte Simplicius dans son commentaire du *De Caelo* d'Aristote :

« Platon part de ce principe que les corps célestes se meuvent d'un mouvement circulaire, uniforme et constamment régulier. Il pose alors aux mathématiciens ce problème : *Quels sont les mouvements circulaires, uniformes et parfaitement réguliers, qu'il convient de prendre pour hypothèses, de manière à sauver les apparences présentées par les planètes ?* »[11].

Ce principe dominera toute l'astronomie jusqu'au jour où Kepler, se basant sur les observations accumulées par Tycho-Brahé sur la planète Mars, substituera le règne de l'ellipse au règne du cercle.

IV

LE SYSTÈME
DES SPHÈRES HOMOCENTRIQUES
D'EUDOXE DE CNIDE

« Le premier des Grecs qui tenta de résoudre le problème posé par Platon fut Eudoxe de Cnide »[12], déclare Simplicius, répétant un renseignement de Sosigène, qui le puisait dans l'*Histoire astronomique* d'Eudème. Né à Cnide vers l'an 408, Eudoxe reçut, en géométrie, les leçons d'Archytas de Tarente, le célèbre Pythagoricien qui fut l'ami et le correspondant de Platon. A Athènes, il fréquenta l'Académie. Le premier, d'après Sénèque, il aurait rapporté d'Egypte en Grèce les Tables des mouvements planétaires. L'enseignement qu'il professa à Cyzique, puis à Athènes, lui valut un grand nombre de disciples. L'un d'eux fut Polémarque de Cyzique, que préoccupèrent beaucoup les problèmes astronomiques et qui forma Calippe, le familier d'Aristote et le continuateur d'Eudoxe.

Le système astronomique d'Eudoxe qui, par l'intermédiaire d'Aristote, inspirera, à l'âge d'or de la Scolastique, les *Sommes* de Thomas d'Aquin et la *Divine Comédie* de Dante, porte le nom de *Système des sphères homocentriques*. Il se présente comme la solution la plus naturelle du problème posé par les Pythagoriciens, et repris par Platon.

Le Monde est constitué par une série de sphères emboîtées les unes dans les autres et ayant pour centre commun celui de la Terre. La sphère la plus éloignée de nous est celle des étoiles fixes ; elle se meut d'une rotation uniforme d'Occident en Orient et enferme l'Univers.

La sphère la plus rapprochée de nous est celle de la Lune ; elle délimite, dans sa concavité, le monde sublunaire. Chaque planète, entre ces deux sphères, est assujettie à une sphère *portante* qui tourne autour d'un axe, implanté lui-même dans la paroi intérieure d'une sphère *enveloppante*, pivotant elle-même d'un mouvement uniforme autour d'un second axe incliné sur le premier. Il en est de même de cette seconde sphère par rapport à une troisième, et parfois à une quatrième, qui entraîne tout le mécanisme, chaque sphère composante conservant son mouvement propre uniforme. Au total, le système d'Eudoxe requiert l'existence géométrique de vingt-six sphères : trois pour la Lune, trois pour le Soleil, quatre pour chacune des cinq planètes, de Mercure à Saturne.

A peine élaboré, le système d'Eudoxe se révéla insuffisant pour rendre compte de l'anomalie zodiacale du Soleil et d'autres particularités de la marche des planètes. L'office de réformer son système échut à Calippe de Cyzique.

Calippe, nous apprend Simplicius, vint à Athènes où il fut en relation constante avec Aristote ; c'est avec Aristote qu'il entreprit de réformer et de compléter la théorie astronomique imaginée par Eudoxe.

Portant à trente-trois le nombre des orbes sphériques nécessaires pour *sauver* les *apparences*, il y réussit remarquablement pour l'époque.

Tel est le système qu'Aristote intégra à sa *Physique*, en dotant de réalité physique les sphères homocentriques, purement géométriques, d'Eudoxe et de Calippe, et en y insérant des sphères compensatrices, ce qui porta le nombre des sphères homocentriques à cinquante-cinq.

La transformation
de l'image du Monde
due à l'astronomie géométrique
des Pythagoriciens

La régularité des mouvements circulaires des étoiles fixes et des planètes appelées indûment astres errants manifeste la présence d'une âme rationnelle qui les dirige dans leur carrière comme un aurige dirige son char, au lieu que, écrit Platon, le mouvement qui ne se fait jamais de la même manière, suivant les mêmes règles, dans la même place, en un mot qui est sans règle, sans ordre, sans proportion, ressemble fort au mouvement de la déraison.

33

Les Pythagoriciens, à l'imitation des Babyloniens, en concluent que les astres, animés par une âme rationnelle, sont des dieux.

I.
LA DUALITÉ DU MONDE

De là résulte la dualité du monde. En effet, le mouvement circulaire des astres s'oppose radicalement aux mouvements naturels des corps terrestres tels que nous les observons. Si nous lâchons un corps en le déplaçant de la région où il se trouve naturellement en repos, il tombe ou ascensionne suivant la verticale, selon qu'il est plus lourd ou plus léger que le milieu ambiant. En un mot, ce que l'on appellera au XVIIe siècle la Mécanique céleste s'oppose radicalement à la Mécanique terrestre.

Cette opposition s'accompagne d'une opposition substantielle entre le monde céleste, compris entre la sphère des étoiles fixes à l'orbe de la Lune, et le monde sublunaire.

Les corps sublunaires sont des mixtes : ils sont formés du mélange variable des quatre éléments, la terre, l'eau, l'air et le feu, qui se transforment les uns dans les autres par variation de pression ou de température. Les mélanges qui constituent les mixtes sublunaires sont ainsi soumis à la génération et à la corruption. Les corps situés au-dessus de la Lune sont, au contraire, formés de feu pur, ou d'une quintessence dont sa dénomination *(éther)* dérive de ce que son essence est toujours en mouvement *(thein aei,* courir toujours).

Il en résulte que tous les corps célestes sont incorruptibles. Pareillement le dogme de la circularité du mouvement des astres allait s'imposer jusqu'au jour où Kepler démontrera que les planètes décrivent, non pas des cercles, mais des ellipses.

II.

LA PARENTÉ DES ÂMES
AVEC LES ASTRES

Toutefois, dans le monde sublunaire figurent des êtres dérobés au monde céleste ; ce sont les âmes rationnelles qui animent les humains. Dès le Ve siècle avant notre ère apparaît dans le monde grec la croyance en la parenté des âmes avec les astres, d'où procède leur origine céleste[13].

Sur quoi repose cette communauté d'origine ? Platon nous l'explique. L'âme communique le mouvement au corps qu'elle anime. Elle ne peut le faire que si elle est elle-même perpétuellement principe de mouvement, d'où dérive son immortalité, bien qu'elle se trouve comme égarée dans la région du devenir et de la mort. « L'âme est immortelle, car ce qui est toujours en mouvement est immortel. En effet, l'être qui se borne à transmettre à autrui le mouvement qu'il a reçu d'un autre, doit cesser de vivre quand il cesse d'être mû. Seul l'être qui se meut par lui-même, parce qu'il ne peut se faire défaut à lui-même, ne cesse jamais de se mouvoir »[14]. Dès lors, si l'âme est toujours en mouvement, de quel mouvement est-elle perpétuellement animée ? De celui qui se fait sur place autour du même centre, ou de celui qui consiste à passer d'un lieu à un autre ? Platon n'a pas de peine à répondre : « Le mouvement de l'âme raisonnable est celui qui se fait sur place, semblable au mouvement d'une sphère..., au lieu qu'un mouvement désordonné est le signe de la déraison »[15]. Le mouvement de l'âme est donc un mouvement circulaire semblable à celui des astres, ce qui prouve leur parenté. Comme le dit Cicéron dans *Le Songe de Scipion* qui termine le VIe livre de *La République* : « Aux hommes est impartie une âme émanée de ces feux éternels que vous appelez astres et étoiles, qui arrondis et sphériques, animés par des esprits divins, accomplissent leurs révolutions et parcourent leurs orbites avec une admirable célérité »[16].

III.
LA CHUTE DES ÂMES
ET LEUR RETOUR AU CIEL

Dès lors, une question inévitablement se pose : pourquoi les âmes, *scintilla stellaris essentia*, de la substance des astres, *animasque nostras partes in cielo*, partie du ciel, comme l'écrit Hipparque, se trouvent-elles comme égarées dans le monde sublunaire soumis à la génération et à la mort ?

A cette question, Platon propose une réponse dans le *Phèdre* sous forme de mythe. D'abord, faisant partie du cortège des dieux et contemplant, sur la sphère des étoiles fixes, les archétypes de toutes choses, les idées platoniciennes, certaines âmes ont subi le mirage de la matière changeante et bigarrée. Elles ont ressenti le désir furieux de la génération qui leur a fait perdre leurs ailes et les a précipitées du ciel étoilé dans le cercle du devenir et de la corruption. Elles sont enfermées dans le corps *(sôma)*, comme dans un tombeau *(sêma)*, ou mieux, comme le disaient les Orphiques, le corps *(sôma)* est le geôlier de l'âme.

Au prix de plusieurs réincarnations, car l'âme d'un mort étant immortelle se réincarne immédiatement dans un autre corps ainsi que l'explique Socrate dans le *Phédon*, l'âme paye sa dette due à sa faute originelle jusqu'à ce que, suffisamment épurée, elle retourne, blanche et nue, à l'astre qui dans le ciel lui servait d'habitat. Porphyre dans l'*Astre des Nymphes*, Proclus dans son *Commentaire sur la République de Cicéron*, Macrobe dans le *Commentaire sur le Songe de Scipion* se sont appliqués à décrire l'itinéraire du Ciel sur la Terre et de la Terre au Ciel qu'empruntent les âmes dans leurs chute et dans leur retour à leur astre.

Ainsi la croyance pythagoricienne, reprise par les Platoniciens, transforma complètement la conception que les Anciens se faisaient de la survie des âmes après la mort. A la conception du souffle vital qui se dissipe avant la mort, au triste schéol des Hébreux, à la survie des Ombres vaines dans le Royaume souterrain d'Hadès des homérides se substitua la croyance en l'origine céleste des âmes égarées en ce bas monde, mais appelées à retourner à leur patrie sidérale pour goûter en compagnie des dieux une immortalité radieuse. Ainsi l'astronomie pythagoricienne conduisit à transférer le Royaume souterrain des morts des entrailles de la Terre dans les champs des étoiles et fit du Royaume des morts le Royaume des cieux.

LA DIFFUSION DE LA DOCTRINE

La doctrine pythagoricienne de l'origine et de l'immortalité célestes des âmes était assez populaire dans le dernier tiers du vᵉ siècle pour inspirer l'inscription funéraire, gravée au Céramique d'Athènes, sur le tombeau des cent cinquante guerriers tombés à Potidée, pendant la guerre du Péloponnèse, en 432 : « L'éther a reçu leurs âmes, et la terre leurs corps »[17].

Ainsi, la demeure des âmes après la mort n'est ni la tombe, comme le croyaient les Mycéniens, ni le royaume souterrain d'Hadès, comme le croyaient les Homérides ; c'est la région supérieure du Monde. Le fait que l'inscription ait été officielle prouve que cette conception agréait au peuple pour lequel elle fut rédigée. On trouve la même croyance dans un fragment du Chrysippe d'Euripide : « Ce qui est né de la terre retourne à la terre. Ce qui est d'origine éthérée remonte au pôle céleste. »

La comédie antique, vers la même époque, fournit un autre témoignage, le plus saisissant. Il est tiré de La Paix d'Aristophane, représentée aux grandes Dionysies (fin mars) de 421, peu de jours avant qu'entre Athènes et Sparte fût signée la paix de Nicias. Au moment où Trygée descend de l'Olympe, où il est allé libérer la déesse de la paix, le dialogue suivant s'engage entre lui et un de ses esclaves :

« As-tu vu planant en l'air quelqu'un d'autre que toi ?

— Non, si ce n'est peut-être deux ou trois âmes de poètes dithyrambiques...

— Est-ce vrai ce que l'on dit que nous devenons des astres lorsque l'on meurt ?

— Tout à fait juste.

— Et quel est l'astre qui brille actuellement ?

— Ion de Chios, celui qui composa jadis une ode à l'Etoile du Matin. Aussi, dès qu'il paraît, tout le monde le nomme : l'astre oriental »[18].

Virgile écrit dans le IVe livre des *Géorgiques* : « Il n'y a pas de place pour la mort et le principe de vie ne fait que s'envoler vers les hauteurs du ciel et remonte parmi les astres. »

Sur une épitaphe d'Amoryod, on lit la consolation d'un fils à sa mère pour la consoler de sa mort prématurée :

« Ne pleure pas. Pourquoi le ferais-tu ? Vénère-moi plutôt, car je suis maintenant un astre divin qui paraît sur la fin du soir. »

Le conflit religieux entre l'astronomie géométrique des Pythagoriciens et l'astrophysique des Météorologues

L'astronomie savante des Pythagoriciens qui considéraient les astres comme des Dieux devait inévitablement entrer en violent conflit avec l'astrophysique de ceux qu'on appelait à Athènes au temps de Périclès les Météorologues, qui considéraient les astres comme de nature terreuse.

I.
L'ASTROPHYSIQUE DES MILÉSIENS

La science chez les Grecs s'éveilla sur les rives d'Ionie. Les trois grands penseurs Thalès, Anaximandre, Anaximène, qui se succédèrent dans la cité la plus opulente de la Grèce d'Asie, à Milet, au VIe siècle avant notre ère, eurent un double mérite. Ils proclamèrent un principe d'invariance universel, sous la forme de l'adage : « Rien ne se crée, rien ne se perd, il n'y a que mélange et séparation des choses qui existent. » Ils enseignèrent, conformément à cet adage, que les différentes espèces de corps qui peuplent le monde, et les phénomènes qui en sont le siège, résultent des différents états de condensation et de raréfaction d'une matière primitive : l'eau selon Thalès, une matière indéterminée selon Anaximandre, l'air selon Anaximène. Ils se trouvèrent affirmer ainsi le principe de l'unité substantielle du monde, en opposition avec la conception dualiste des Pythagoriciens.

Selon Thalès, le Soleil, la Lune sont des corps incandescents de nature terreuse.

Anaximandre assimile la production des astres à la formation des orages.

Anaximène considère que les corps célestes, les météores et les astres sont produits par les exhalaisons humides de la terre qui se transforment en feu en se raréfiant.

Xénophane, disciple des Milésiens, explique les phénomènes célestes que les Pythagoriciens assimilaient à des théophanies, par des causes purement naturelles : « Nous sommes tous sortis de la terre et de l'eau. Terre et eau, tout ce qui naît et pousse. »

Héraclite d'Ephèse, vers la fin du vɪᵉ siècle, s'inspira, dans sa cosmogonie, des physiciens de Milet. La terre, l'eau, l'air, le feu se transforment sans cesse suivant un rythme perpétuel et tous les phénomènes résultent de l'harmonie ou du conflit des éléments. Reprenant une idée chère à Anaximène, il déclare que les feux célestes s'alimentent des exhalaisons brillantes de la mer, et que le monde oscille entre deux états limités : l'embrasement universel, où tout se résorbe dans le feu primitif ; le déluge, où les exhalaisons accumulées par le Soleil se précipitent en pluie. Passant périodiquement d'un de ces états à l'autre, la nature parcourt sempiternellement le même cycle, la Grande Année. Elle est semblable « à un enfant qui, pour s'amuser, construit et détruit des montagnes de sable ». Et cette ordonnance de toutes choses « n'a été créée par aucun des dieux, ni par aucun des hommes ; elle a toujours été, elle est et sera toujours ». Elle résulte des différents états d'un feu primitif, éternellement vivant, qui « s'allume par mesure, s'éteint par mesure ».

Ce développement scientifique aboutit à la physique de Leucippe et de Démocrite. Ceux-là élaborèrent une théorie atomique et cinétique du monde qui est à la base de nos conceptions actuelles. L'Univers que nous habitons s'est formé par l'agglomération dans l'espace vide d'une masse énorme d'atomes de toute espèce. En s'accrochant, ces atomes ont engendré un mouvement tourbillonnaire qui rend compte de celui des astres. Le Soleil, la Lune firent partie, à l'origine, de deux mondes-tourbillons extérieurs au nôtre, qui entrèrent en collusion avec lui et furent absorbés par lui. C'est tout à la fois la théorie de Laplace, où l'accrochage des atomes remplacerait leur attraction, et la théorie de la captation, de Sée, sur l'origine du système solaire.

COMMENT L'ASTROPHYSIQUE DES MILÉSIENS INTRODUITE À ATHÈNES PAR ANAXAGORE ENTRA EN CONFLIT VIOLENT AVEC LA CROYANCE RELIGIEUSE

L'astrophysique des Milésiens fut introduite à Athènes, sous le principat de Périclès, par Anaxagore de Clazomène, disciple d'Anaximène. Selon lui, l'Univers au début n'était qu'un chaos d'éléments qu'il appelle semences. Un tourbillon actionné par un esprit qu'il appelle le *Nous*, agissant comme une centrifugeuse, a amené les éléments à se regrouper en agrégats homogènes constituant les différentes régions de l'Univers. « L'épais, le fluide, le froid et le sombre se sont réunis à l'endroit où se trouve actuellement la Terre ; le subtil, le chaud, le sec se sont élancés à la périphérie de façon à constituer l'éther. » La Terre est un disque large et mince, soutenu au centre du monde par un tourbillon d'air. Le Soleil, la Lune et tous les autres corps célestes sont dépourvus de tout attribut divin : ce sont des pierres arrachées à la Terre par la force centrifuge de son mouvement de rotation et chauffées à blanc par frottement dans de l'air ambiant. « Le Soleil est une masse, rouge de chaleur, infiniment plus vaste que le Péloponnèse. » Quant à la Lune, c'est un solide incandescent, à la surface duquel alternent les plaines, les monts et les ravins. La Lune reçoit sa lumière du Soleil et elle est éclipsée par l'opposition de la Terre. Quand le mouvement de révolution décroît, les pierres de l'éther tombent sur la Terre : ce sont les météores. Anaxagore pensait avoir trouvé confirmation de « la nature terreuse » des astres dans l'étude qu'il fit de l'énorme aérolithe tombé à Aegos-Potamos en 468-467 av. J.-C. L'examen de ce météore, que l'on montrait encore aux touristes au temps de Pausanias, le confirma dans son monisme cosmique[19].

Ainsi les Milésiens et Anaxagore à leur suite assimilaient les phénomènes célestes à des phénomènes météorologiques, si bien qu'on leur donna à Athènes, selon Euripide et Plutarque, le nom de *Météorologues*[20].

Dans l'Athènes du Ve siècle, après la restauration religieuse des Pisistratides qui avaient fait établir le texte définitif des poèmes d'Homère, véritable canon des Ecritures saintes de l'Hellénisme, de semblables propos ne pouvaient que scandaliser les petites gens. Pour le populaire, le Soleil était Hélios, fils d'Hypérion, l'aurige divin à la chevelure flamboyante, qui, debout sur son char d'or, parcourt la carrière de ciel pour se plonger le soir dans l'antique Océan chenu, et la Lune était Séléné, sa sœur, l'amante silencieuse d'Endymion. Les Immortels invoquaient le Soleil comme l'infaillible témoin de toutes choses, au regard duquel rien n'échappe. Les mortels plaçaient leurs serments sous son autorité, lui sacrifiaient à la fête des Pyanepsia et à celle des Thargelia.

Le scandale était grand de dépouiller les deux grands luminaires de leur caractère divin pour n'y voir qu'une masse incandescente et une matière terreuse ! L'astronomie, telle que la concevaient les physiciens, et que nous appellerions aujourd'hui l'astrophysique, parut, dès lors, une science pernicieuse. Du scandale suscité, Platon, au Xᵉ livre des *Lois*, est le plus fidèle témoin.

« Ils disent que le feu, l'eau, la terre, l'air sont les productions de la nature et du hasard et que l'art n'y a aucune part. » C'est de ces éléments inanimés que se sont formés les grands corps de l'Univers : la Terre, le Soleil, la Lune, les astres. Poussés au hasard, ils se sont combinés à l'aventure ; des réussites heureuses ont été amenées par le jeu des chances parmi d'innombrables défaites. « C'est de cette façon qu'a été engendré le Ciel tout entier avec tous les corps célestes, les plantes et les animaux avec la succession des saisons, non point grâce à une intelligence, ni par l'action d'une Divinité, ni par celle de l'Art, mais par le double effet de la Nature et du Hasard »[21].

Platon, dans le XIIᵉ livre des *Lois*, revient sur ce sujet. Il nous apprend que ces impiétés suscitèrent à Athènes des procès d'impiété.

« Tous ces corps célestes qui s'offraient à leurs yeux leur ont paru pleins de pierres, de terre, d'autres matières inanimées auxquelles ils ont attribué les causes de l'harmonie de l'Univers. Voilà ce qui a provoqué tant d'accusations d'athéisme et détourné tant de gens de l'étude de ces sciences ! »[22].

LES PROCÈS D'IMPIÉTÉ À ATHÈNES :
ANAXAGORE ET SOCRATE

Incité par les ennemis de Périclès qui cherchaient à l'atteindre dans ses amis, Anaxagore, Aspasie, Phidias, un démagogue tapageur, Diopeithès, proposa et fit voter le décret suivant : « Sera traduit selon la procédure de l'*eisaggelia* quiconque ne croit pas aux dieux, ou donne un enseignement sur les choses célestes. » Anaxagore, dénoncé par Cléon, fut traduit devant les juges pour avoir soutenu que le Soleil est une pierre incandescente et la Lune une terre toute semblable à la nôtre. La peine qui le frappa fut, suivant les uns, une amende de cinq cents talents et le bannissement ; selon d'autres, la peine de mort, à laquelle, grâce à l'assistance de Périclès, il se serait dérobé par la fuite. Il trouva refuge à Lampsaque, dans la patrie plus tolérante de son disciple Métrodore. On a des raisons de croire qu'il y fonda une école. Les habitants de la ville élevèrent à sa mémoire, sur leur agora, un autel dédié à l'Esprit et à la Vérité.

Le second procès d'impiété qu'ait retenu l'histoire est celui de Socrate.

La venue d'Anaxagore à Athènes enthousiasma le jeune Socrate qui se passionnait alors pour l'étude des sciences de la Nature. Ayant entendu qu'Anaxagore expliquait les phénomènes physiques par l'intervention d'une Intelligence ordonnatrice, le *Nous*, c'est-à-dire par des causes finales, il se précipita sur le livre que Platon désigne sous le nom de *Biblia*. Mais, à mesure qu'il avançait dans sa lecture, sa déception allait croissant. Anaxagore ne se servait de son Nous que comme d'un *Deus ex machina*[23] dans les cas où il était embarrassé. La plupart du temps, il le reléguait au magasin des accessoires et n'invoquait que des causes efficientes, c'est-à-dire s'en remettait aux jeux de la Nature et du Hasard. Découragé par l'étude des phénomènes sensibles, il se tourna vers celle des idées abstraites : « J'eus dès lors la conviction que je devais chercher un refuge du côté des notions et chercher en elles la vérité des choses »[24].

Le populaire mal informé, des politiciens mal intentionnés assimilèrent Socrate à un disciple d'Anaxagore qui niait l'existence des Dieux. C'est ainsi qu'Aristophane le représente dans sa comédie *Les Nuées*. Il évoque Socrate dans son pensoir : « Ce n'est pas Zeus, lui fait-il déclarer, qui meut les nuées, c'est le Tourbillon. – Qui verse la pluie ? demande Strepsiade. – Ce sont les Nuées, car si c'était Zeus, il devrait être capable de faire pleuvoir par un ciel serein. » L'explication grossière que Socrate donne du fracas du tonnerre insinue dans les esprits frustes que ce n'est point la volonté de Zeus qui est cause des phénomènes célestes. A une dernière question « : Dis-moi, par la Terre, est-ce que Zeus Olympien n'est point Dieu ? – Quel Zeus ? répond Socrate, es-tu fou, Zeus n'existe pas... Sache que les Dieux ne sont pas une monnaie qui ait cours chez nous. »

Une accusation d'impiété *(asebia)* fut portée par Mélitos contre Socrate. Platon, qui se trouvait dans l'assistance, a fait le récit du procès dans l'*Apologie de Socrate*. Plusieurs charges d'accusation y figurent : corrompre la jeunesse, faire de ses compagnons les détracteurs des lois existantes, ne pas croire aux Dieux de l'Etat, déclarer que le Soleil est une pierre et la Lune une terre. Socrate répond que Mélitos se trompe de personnage. « C'est Anaxagore que Mélitos se figure accuser », commettant la même erreur qu'Aristophane. Socrate déclare : « Je crois aux Dieux, Athéniens, comme n'y croit aucun de mes accusateurs. » Il invoque le témoignage en sa faveur de l'oracle de Delphes qui, questionné par un de ses compagnons de jeunesse, a déclaré qu'il n'y avait pas d'homme plus sage que Socrate. Déclaré coupable, il déclara par dérision que, n'ayant eu d'autre préoccupation que de persuader ses concitoyens de n'avoir pour premier souci que de devenir meilleur et plus raisonnable, il méritait, vu sa pauvreté et son rôle de bienfaiteur, d'être nourri aux frais de l'Etat, dans le Prytanée, impertinence qui provoqua sa condamnation à mort.

A en croire le récit du procès de Socrate par Xénophon, l'attitude de Socrate devant ses juges s'expliquerait par le fait que la mort le délivrerait des infirmités et des misères de la vieillesse. Récapitulant sa vie, Socrate aurait dit : « ... Ne sais-je pas que, jusqu'à ce jour, je n'aurais pu concéder à personne d'avoir vécu mieux que moi ? J'avais conscience en effet – quoi de plus agréable – d'avoir vécu dans la piété et la justice. Je m'estimais donc beaucoup moi-même et je me rendais compte que ceux qui me fréquentaient éprouvaient pour moi le même sentiment. Mais maintenant, si j'avance en âge, je sais que nécessairement j'aurai à subir les inconvénients de la vieillesse, que ma vue baissera, que j'entendrai moins bien... Peut-être ainsi, ajouta-t-il, la divinité me procure-t-elle dans sa bonté, non seulement de terminer ma vie au bon moment, mais aussi de le faire le plus facilement possible »[25].

Le procès d'Anaxagore, suivi par erreur de celui de Socrate, manifeste le premier conflit historique entre la science naissante et la religion. C'est l'époque des Sophistes, ces professeurs itinérants qui remettent tout en cause et traitent de conventions des règles de conduite que l'on avait sacralisées. A Eschyle, à Sophocle succède Euripide, dont l'attitude religieuse peut se résumer dans le vers de Lucrèce : *Tantum religio potuit suadere malum.* Euripide dénonce les mythes immoraux, les oracles qui engendrent violence après violence et la « pure folie » de régler l'avenir d'après les entrailles des oiseaux. C'est l'éveil de l'esprit critique.

5

Comment les astronomes pythagoriciens prétendent rétablir contre les Météorologues l'accord de la science et de la religion

Un des arguments des Météorologues en faveur du rôle de la Nature et du Hasard dans la genèse de l'Univers était tiré du mouvement erratique des planètes, d'où leur dénomination d'*astres* errants. Cette croyance était très populaire, comme nous le révèle Platon au livre VII des *Lois* :

« L'Athénien : Nous autres Grecs, tous si je puis dire, nous tenons, chers amis, un langage erroné au sujet de grandes Divinités : c'est du Soleil et de la Lune dont je veux parler. – Clinias : Et en quoi consiste cette erreur ? — L'Athénien : Nous croyons que le Soleil et la Lune ne prennent jamais le même chemin ; il en est de même de certaines étoiles que nous nommons errantes. — Clinias : Par Zeus, mon hôte, vous dites vrai. Au cours de ma vie, j'ai souvent observé, soit l'étoile du soir, soit l'étoile du matin, soit d'autres étoiles, et j'ai constaté qu'elles ne prenaient jamais deux fois le même chemin, qu'elles erraient de toutes sortes de façon ; j'ai vu le Soleil et la Lune faire de même et, d'ailleurs, nous en sommes tous d'accord »[26].

I.
L'IRRÉGULARITÉ APPARENTE DES MOUVEMENTS PLANÉTAIRES N'EST QU'UNE SIMPLE ILLUSION OPTIQUE

Telle est l'erreur populaire que l'astronomie savante des Pythagoriciens, comme l'a montré Eudoxe avec sa théorie des sphères homocentriques, permet de réfuter. On peut ramener l'errance apparente des planètes à des circulations uniformes, comme on le lit au livre VII des *Lois* de Platon.

« Ce qu'on pense ainsi du Soleil, de la Lune et des autres planètes, mes chers amis, n'est pas une doctrine saine. *Jamais ces astres n'errent ; leur cours est tout l'opposé d'une marche errante* »[27].

« Cet ensemble de mouvements, lit-on dans l'*Epinomis*, se produit toujours de même. Il ne procède pas par caprice, tantôt vers le haut, tantôt vers le bas, produisant ici certains effets et là d'autres effets, suivant une marche errante et sans orbite fixe »[28].

Par la suite, dans le monde grec, puis dans l'Empire romain, l'erreur qui a conduit à donner aux planètes le surnom d'astres errants sera communément dénoncée. Dans les *Phénomènes d'Aratus* que Cicéron traduisit en vers latins, la Muse Uranie déclare :

« Veux-tu connaître sous quel signe s'agitent les étoiles que les Grecs appellent, mal à propos, *errantes*, et dont la course et la carrière sont, au contraire, si bien réglées ? »

Même profession de foi dans la bouche du stoïcien Balbus dans le *De natura Deorum* :

« Rien n'est plus digne d'admiration que la marche des cinq étoiles, appelées mal à propos *errantes* »[29].

« Entre le ciel et la terre, écrit Pline l'Ancien, la force de l'air tient en suspens, à des intervalles réguliers, sept astres que nous appelons *errants* en raison de leur marche, bien que rien ne soit moins errant que ces corps. »

Il ne reste plus qu'à conclure, comme l'Hôte athénien :

« Si le cours et la révolution du Ciel et de tous les corps célestes sont d'une nature semblable à celle du mouvement, de la révolution et des démarches de l'intelligence, quel autre langage tiendrons-nous, sinon que, puisqu'une seule ou plusieurs âmes excellentes en tout genre de vertus sont, comme nous l'avons vu, la cause de tout cela, *il nous faut avouer que ce sont autant de dieux*... Y a-t-il quelqu'un qui, accordant ce qui précède, s'obstinera, dès lors, à ne pas reconnaître que tout est plein de dieux ? »[30].

L'astronomie empirique des Météorologues, à s'en tenir aux seules apparences, conduisait à l'athéisme.

L'astronomie géométrique des Pythagoriciens, en découvrant par le raisonnement les mouvements véritables des astres, aboutit au polythéisme astral. Elle rétablit l'accord de la science et de la religion contesté par les Météorologues.

II.

COMMENT LES MOUVEMENTS RÉGULIERS
DES ASTRES SE PRÊTENT
À DEUX INTERPRÉTATIONS CONTRADICTOIRES
DONT L'UNE FINIT PAR S'IMPOSER

La régularité des mouvements célestes, au lieu de prouver la divinité des astres, pouvait logiquement conduire à une conclusion radicalement inverse. Comme le remarque le grand historien des sciences dans l'Antiquité, Paul Tannery : « Le dogme de la circularité du mouvement des astres, en incitant les physiciens à inventer des mécanismes propres à les expliquer, devait avoir pour conséquence logique la soumission du Cosmos à une nécessité mécanique et à l'exclusion de toute finalité »[31].

C'est bien ce qu'en avaient inféré quantité d'esprits, suivant ce que nous révèle Platon dans l'*Epinomis* : « La plupart de nos contemporains ont une opinion diamétralement opposée à celle que nous venons de soutenir. Les êtres qui font toujours les mêmes choses et de la même manière, ils se les figurent sans âme. La multitude a suivi ces insensés, n'accordant la raison et la vie qu'à l'homme, parce qu'il a la faculté de se mouvoir comme il lui plaît, au lieu qu'elle a retiré l'intelligence à ce qui est divin, parce que le divin persévère toujours dans le même mouvement »[32].

L'objection eût été invincible si les astronomes avaient imaginé un agencement de sphères solides, matérialisant les sphères homocentriques d'Eudoxe, comme le fera Aristote en sa *Physique*, de façon à expliquer cinématiquement, par des liaisons rigides, les révolutions circulaires des astres. Tel n'était pas le cas à l'époque de Platon. C'est spontanément, en dehors de tout agencement mécanique, que les astres décrivaient dans l'éther leur cours régulier et uniforme. En tout cas telle est l'opinion qui finit par l'emporter dans le monde méditerranéen, ainsi que nous le confirme Cicéron :

« La sensibilité et l'intelligence des astres nous sont manifestées principalement par l'ordre et la constance de leurs mouvements : rien, en effet, ne peut se mouvoir avec raison et avec mesure *sine concilio*, c'est-à-dire en l'absence d'une délibération où rien n'est laissé à l'imprévision, à la fantaisie, au hasard. Or, l'ordre observé par les astres et leurs mouvements constants de toute éternité, tout cela n'est le signe ni de la nature (cette constance est, en effet, pleine de raison), ni du hasard (qui, aimant la fantaisie, répugne à la constance). Il s'ensuit donc que les astres se meuvent de leur propre initiative, grâce à leur sens et à leur divinité »[33].

Les mêmes apparences étaient donc susceptibles d'être interprétées de deux façons opposées suivant les motivations d'un chacun. Nous verrons, dans les temps modernes, une pareille situation se répéter. La même Mécanique céleste conduit son créateur, Newton, au déisme et Laplace à l'athéisme. Chacun répond selon son époque et son propre tempérament.

55

L'image du Monde qui finit par s'imposer à l'élite
du monde méditerranéen avant le triomphe du christianisme était celle d'un univers fini, compris à l'intérieur de la sphère des étoiles fixes qui tourne sur elle-
même autour d'une étoile fixe, la polaire, d'un mouvement de rotation uniforme dirigé d'Orient en Occident
et complet en un jour. Cet univers sphérique est constitué de deux régions bien distinctes. Le monde céleste,
composé d'une quintessence incorruptible, assimilé à
un feu subtil, s'étend de l'orbe de la Lune à la sphère des
étoiles fixes. La Lune, le Soleil et les cinq planètes connues
des Anciens, Mercure, Vénus, Mars, Jupiter, Saturne,
décrivent sur la sphère céleste leurs courses apparem-
ment capricieuses que le génie mathématique des Grecs
avait ramenées à une combinaison cinématique de
mouvements circulaires uniformes, car seuls de tels
mouvements, se répétant identiques à eux-mêmes, sont
éternels et dignes des astres assimilés à des dieux. Dans
la concavité de l'orbe de la Lune se trouve le monde
sublunaire, composé du mélange instable des quatre
éléments, la terre, l'eau, l'air et le feu. Il est le siège du
devenir, de la génération et de la corruption. La Terre
en occupe le centre. L'âme humaine est une étincelle
ravie aux feux célestes, tombée dans le tombeau du
corps par suite d'une faute cosmique ou personnelle.
Mais, après un certain nombre de tribulations, délivrée
de son corps, elle retournera à son astre pour y mener
une vie éternelle. Sur une épitaphe d'Amorgos, on lit

la consolation d'un fils à sa mère pour la consoler de sa mort prématurée : « Ne pleure pas. Pourquoi le ferais-tu ? Vénère-moi plutôt, car je suis maintenant un astre divin qui paraît sur la fin du soir. »

Telle est l'image du monde que Cicéron évoque magnifiquement dans *Le Songe de Scipion* qui clôt son livre sur *La République*. Scipion Emilien raconte à ses amis un songe qu'il aurait eu au temps du siège de Carthage, où Scipion l'Africain lui serait apparu. Transporté dans la voie lactée, il contemple l'univers :

« J'apercevais des étoiles que nous n'avons jamais vues de la Terre, et toutes étaient d'une grandeur que nous n'avons jamais soupçonnée. La plus petite était celle qui est la plus éloignée du ciel, la plus voisine de la Terre, et qui brille d'une lumière d'emprunt. Les étoiles, par les dimensions de leur globe, l'emportaient de beaucoup sur la Terre. Alors la Terre elle-même me parut d'une petitesse prodigieuse, et notre empire qui en occupe un point, pour ainsi dire, me fit pitié.

« Comme je continuais à la contempler : « Eh bien !
« reprit l'Africain, jusques à quand ton esprit restera-
« t-il attaché à la Terre ? Regarde plutôt les espaces
« célestes. De neuf cercles, ou plutôt de neuf globes, se
« compose le système du monde. L'un est le globe
« céleste. C'est le plus reculé, celui qui enferme tous les
« autres, le Dieu suprême qui embrasse et contient tout.
« A ce globe sont attachées les étoiles fixes, qui le suivent
« dans sa révolution éternelle. Au-dessous, sept autres
« globes, au mouvement rétrograde, tournent en sens
« inverse du ciel. L'un de ces globes appartient à l'astre
« que sur la Terre on nomme Saturne. Puis vient un
« astre propice et bienfaisant au genre humain, celui

« qu'on appelle Jupiter. Puis, l'astre rouge et menaçant
« que vous appelez Mars. Plus bas, à peu près au milieu,
« c'est le Soleil, guide, chef, conducteur des autres corps
« célestes, âme du monde et principe de vie : si grand,
« qu'il éclaire et emplit tout de sa lumière. Après lui
« viennent deux astres qui semblent lui faire cortège,
« Vénus et Mercure. Sur le cercle inférieur tourne la
« Lune, qui s'allume aux rayons du Soleil. Au-dessous,
« il n'y a rien que de mortel et de périssable, excepté
« l'âme donnée au genre humain par un bienfait des
« dieux. Au-dessus de la Lune, tout est éternel. La Terre,
« placée au centre, et au neuvième rang, est immobile ;
« elle n'a point de force propre et d'eux-mêmes tous
« les corps gravitent vers elle... » »

Toute la renommée que l'on peut acquérir est
circonscrite en cette région. Il faut viser plus haut, car
il est une bien plus grande récompense. « Souviens-toi,
déclare l'Africain, que tu n'es pas ce qu'annonce ta
forme extérieure ; c'est l'âme qui est l'homme, et non
cette figure sensible qui se peut montrer au doigt. Tu
es un dieu, sache-le bien ; car c'est être dieu que d'avoir
la force, le sentiment, la mémoire, la prévoyance, la
faculté de diriger, de gouverner, de mouvoir le corps
dont on dispose, comme le Dieu suprême fait du monde.
Le monde, en partie périssable, est mû par le Dieu
éternel : ainsi, le corps mortel l'est par une âme
immortelle...

« Cette âme, tourne-la vers les choses les plus nobles ;
or le plus noble des soucis, c'est le salut de la patrie.
Grâce à ces pensées, à ces occupations généreuses, ton
âme s'envolera plus vite vers ce séjour qui est sa demeure.
Et elle le fera plus rapidement encore si, dès le temps

où elle est enfermée dans le corps, elle s'élance au-dehors ; si, en contemplant les choses extérieures, elle se détache du corps le plus possible. Car les âmes de ceux qui se sont livrés aux voluptés du corps, qui s'en sont faits, pour ainsi dire, les serviteurs, qui, entraînés par leurs passions, esclaves du plaisir, ont violé les lois divines et humaines, ces âmes-là, une fois échappées du corps, roulent autour de la terre elle-même et ne reviennent ici qu'après bien des siècles de tourments. »

Telle est la vision du monde qui enchanta l'âme antique. En levant les yeux au ciel, chacun pouvait y contempler la face rayonnante des astres, divinités tutélaires qui observaient tout ce qui se passait sur terre, et auxquelles rien n'échappait, si bien qu'aucun crime secret ne demeurait impuni. Ainsi, ce n'est pas un sentiment de vertige, d'accablement ou d'abandon que le spectacle du cosmos suscitait chez les Grecs et chez leurs disciples romains. C'est un sentiment de réconfort, d'admiration et de reconnaissance. L'univers paraissait exister pour le service de l'homme en cette vie et pour sa survie glorieuse dans l'autre. Roi de la création, l'homme pouvait se croire légitimement le centre du monde, créé à son usage et subordonné à ses fins.

6

La nouvelle conception
du monde
imposée par le christianisme

La conception du monde des élites méditerranéennes évoquée par *Le Songe de Scipion* fut abandonnée en majeure partie avec le triomphe du christianisme.

I.
LA STRUCTURE DU MONDE
SELON LES ÉCRITURES

Le monde cessa d'être considéré comme éternel. Il a un commencement et une fin. Le temps cesse d'être circulaire selon la théorie de l'Eternel Retour ; il est linéaire et raconte l'histoire des *mirabilia Dei* : la création, la chute, la rédemption ; l'attente de la Parousie, la résurrection des morts et le jugement dernier.

Au polythéisme astral se substitue l'idée d'un dieu créateur transmontain. Le récit de la création est tiré des premiers chapitres de la Genèse. Au commencement, Dieu créa le ciel et la terre. Le deuxième jour, il fit le firmament qui sépara les eaux supérieures situées au-dessus du firmament des eaux inférieures situées au-dessous. Le troisième jour, des eaux inférieures il fit jaillir le *sec* qui est la terre et la masse des eaux inférieures formèrent les fleuves et les mers.

Les astres, qui chantent la gloire du Créateur, cessent d'être des dieux. Toutefois ils sont guidés dans leur carrière par des anges, comme on les voit représentés sur les mosaïques du nartex de Saint-Marc à Venise. Mais la structure du monde reste la même : elle s'est seulement compliquée pour tenir compte des Ecritures, en ajoutant au ciel des fixes un ciel cristallin où sont contenues les eaux célestes ; puis, parachevant le tout, l'Empyrée, séjour de la Trinité, de la Vierge et des saints.

Au centre du monde, au-dessus de l'horrible et ténébreux enfer d'où sortent incessamment les diables tentateurs, se trouve la terre immobile, où l'homme, déchu mais racheté, est libre de choisir entre le bien et le mal, perpétuellement en butte aux pièges de Satan, mais soutenu, s'il sait les obtenir, par la grâce de Dieu, la protection de la Vierge et l'intercession des saints.

Telle est l'image salutaire du monde qui inspira le Moyen Age et que l'on retrouve dans la *Divina Commedia*.

Certes, la vision chrétienne du monde est une vision dramatique comparée à celle du monde antique. Elle repose sur l'obsession du péché, la grande affaire de l'existence étant d'assurer son salut personnel par la foi aux dogmes de l'Eglise, la pratique des vertus théologales et le recours aux sacrements. Le monde d'ici-bas n'est qu'un lieu de passage, une hôtellerie de douleur, où l'*homo viator* se prépare par la pénitence à la vie éternelle. Plus la vie est éprouvante, plus elle est méritoire : une bonne mort est le couronnement d'une vie vertueuse. Néanmoins, l'univers demeure à la mesure de l'homme qui en est l'usufruitier et en reste le centre d'intérêt.

Telle est l'image du monde, clos et fini comme celui des Anciens, que ceux qu'Arthur Koestler appelle les somnambules, et qu'il vaudrait plus justement appeler les éveilleurs, Copernic, Kepler et Galilée, allaient détruire à tout jamais. Aussi ne doit-on pas être surpris de voir les Pères des sept premiers siècles, à peu d'exceptions près, être les adversaires déclarés de la sphérécité de la Terre et de l'existence des antipodes.

II.

LA NÉGATION
DE LA ROTONDITÉ DE LA TERRE
ET DE L'EXISTENCE DES ANTIPODES

Les Pythagoriciens avaient enseigné la rotondité de la Terre par raison esthétique, par raison de symétrie et, surtout, pour des raisons expérimentales. En effet, cette forme s'accordait seule avec les apparences que présentent le caractère circulaire de l'horizon, l'abaissement des côtes quand on s'en éloigne en navire, les nouvelles constellations observées au cours des périples des navigateurs phéniciens. Tout autre était la conception qu'imposaient les Ecritures.

L'Ecriture enseigne que le ciel a été tendu comme une tente au-dessus de la Terre plate : « Ma main a fondé la terre, ma droite a déployé les cieux » (Jr 48, 13). Le trône de Dieu s'élève sur le firmament dans la région sise au-dessus du sol de la Judée. C'est vers ce lieu céleste qu'Elie, Jésus et la Vierge sont montés au ciel. Si le Ciel était sphérique, comment les eaux célestes pourraient-elles être maintenues sans s'écouler en cataractes ? Saint Augustin envisage diverses hypothèses. On peut imaginer la surface du Ciel recouverte d'eaux congelées ; ou encore recouverte d'eau condensée sous forme de fines gouttelettes. Les deux hypothèses prêtent à objection et l'évêque d'Hippone déclare : « De quelque manière que les eaux demeurent au-dessus du ciel et quelles que soient ces eaux, nous ne devons aucunement douter qu'elles s'y trouvent : en effet, l'autorité des Ecritures surpasse la capacité de tout esprit humain : *major est quippe Scripturae auctoritas quam omnis humanis ingenii capacitas*»[34]. Là-dessus, saint Augustin, Lactance, saint Basile, saint Ambroise, saint Justin Martyr, saint Jean Chrysostome, saint Césaire, Procope Gaza, Séveranianus de Gabala, Diodore de Tarse ne permettent pas que le chrétien conserve le moindre doute. « Cette fabuleuse hypothèse d'antipodes, c'est-à-dire d'hommes qui opposent leurs pieds aux nôtres, il n'est aucune raison d'y croire. Cette opinion ne se fonde sur aucune notion historique, mais sur une conjoncture.

Mais, à supposer que le monde eût une forme ronde et sphérique, s'ensuivrait-il que, dans cette partie, la terre apparût hors des eaux, et s'ensuivrait-il nécessairement qu'elle eût des habitants ? En effet, l'Ecriture n'a garde d'autoriser une telle erreur »[35].

Même à supposer que la Terre soit ronde, il est une croyance « monstrueuse » que, par-dessus tout, le Chrétien ne doit pas admettre, c'est la croyance en l'habitation des antipodes. Cette croyance, logiquement déduite de la rotondité de la Terre, avait été longuement discutée et admise par Cicéron et Pline l'Ancien. Elle était formellement combattue par Lactance et par saint Augustin. L'évêque d'Hippone déduit l'impossibilité des antipodes de ce que, « au jour du jugement, les hommes situés de l'autre côté de la terre ne pourraient voir le Seigneur descendre dans les airs », comme l'affirment les évangélistes. Au VIIe siècle, un prêtre d'origine irlandaise, Virgil, évêque de Salzbourg, ayant enseigné « qu'il y a des hommes qui habitent dans l'autre hémisphère », cette doctrine impie scandalisa Boniface, l'apôtre de la Germanie. Il dénonça l'auteur au pape Zacharie, qui déclara « perverse, inique et damnable » l'opinion de Virgil, et affirma avec force que la Terre n'était habitée que d'un seul côté[36].

L'affirmation de l'impossibilité des antipodes fut objectée par la Junte de Salamanque à l'entreprise de Christophe Colomb. Parmi les membres les plus éclairés de ce savant tribunal, composé par les professeurs les plus illustres de la plus célèbre Université d'Espagne, tous moines ou hauts dignitaires de l'Eglise, il y en eut qui, même en dehors de l'autorité des Ecritures, firent remarquer que, si la Terre était ronde, on ne saurait

65

dépasser l'hémisphère connu de Ptolémée, car, dans ce cas, on se trouverait descendre si bas que, pour revenir, les vaisseaux auraient en quelque sorte à gravir une véritable montagne d'eau, ce qui serait impossible, même avec l'aide des vents les plus favorables, si tant est qu'il s'en trouvât dans ces régions innommées. Telles étaient les objections, vingt siècles après que les Pythagoriciens eurent enseigné la relativité de la verticale à la surface de la Terre.

Quelque quinze ans après la mort de Christophe Colomb, survenue dans l'abandon à Valladolid, le 20 mai 1506, la caravelle de Magellan, la *Victoire*, sous le commandement de Sébastien del Cano, revint avec quinze hommes d'équipage de San Lucas de Barrameda, après avoir fait le tour du globe, et mit à jamais en évidence la rotondité de la Terre, en dépit du témoignage des Saintes Ecritures.

III.

LA MULTIPLICATION DES CIEUX

Un autre sujet de litige portait sur le nombre des cieux. Saint Paul a déclaré qu'il avait été ravi jusqu'au troisième ciel. Dans l'hypothèse de la sphéricité du monde qui commençait à s'imposer à beaucoup d'esprits, pour se mettre d'accord avec la Révélation il convenait d'admettre, au-dessus de la sphère des étoiles fixes, une autre sphère, contenant les eaux célestes, appelées mer cristalline, puis, au-dessus, le ciel des esprits purs où siège la divinité. Il convenait donc d'ajouter deux sphères de plus que n'en avait admis Aristote pour tenir compte des Ecritures. C'est ce qu'enseigne Isidore de Séville qui recueillit dans ses *Etymologies* les épaves qui surnageaient, dans l'Espagne wisigothe, de la science antique. En donnant le nom de firmament au ciel compris entre l'orbe de la Lune et la sphère des étoiles fixes, il convenait d'y superposer un ciel acqueux, puis, au-dessus, un ciel suprême, séjour de Dieu et des Bienheureux, auquel un élève de Raban Maur, dans une glose de l'Ecriture sainte écrite au milieu du IXe siècle, donna le nom d'Empyrée. C'est la représentation que l'on trouve chez la plupart des *Images du Monde* des cosmographes chrétiens du Moyen Age.

IV.

LE DÉSINTÉRÊT DES RECHERCHES ASTRONOMIQUES

En réalité, les problèmes astronomiques intéressaient peu les Pères de l'Eglise et les Docteurs de la scolastique jusqu'au XIIe siècle. Cette attitude est bien résumée par ce que dit saint Basile au sujet de l'inutilité des recherches des astronomes : « L'ampleur de leur sagesse profane requiert contre eux une condamnation. Doués, en effet, d'une vue pénétrante pour des variétés, ils sont devenus volontairement aveugles, lorsqu'il s'agit de comprendre la vérité... De toutes les ressources de l'invention, une seule leur échappe : c'est celle qui découvre Dieu, le créateur de l'Univers, le juste juge qui, à ceux qui ont vécu, applique la rémunération compensative »[37]. Saint Augustin brocarde les astronomes qui étudient au ciel la marche des astres et « ignorent le Père qui est aux cieux ». « Se livrer à des subtiles recherches sur la grandeur des astres et les distances qui nous en séparent, employer à cette étude le temps que réclament des sujets plus importants, cela ne nous paraît ni utile ni convenable »[38]. Pour les Pères de l'Eglise, constate Pierre Duhem, les recherches de physique et d'astronomie sont des occupations oiseuses et futiles ; s'ils consentent, de mauvaise grâce, à prêter quelque attention à ces recherches, c'est seulement en vue d'interpréter les Livres saints et d'écarter les objections de la philosophie païenne contre l'Ecriture »[39].

V.

LE RETOUR À ARISTOTE

L'intérêt pour les problèmes astronomiques allait renaître à partir du XIIe siècle, lorsque fut connue au début du XIIe siècle dans l'Occident latin l'œuvre complète d'Aristote à la suite d'un long voyage autour du bassin de la Méditerranée, grâce aux versions syriaques, arabes, hébraïques et finalement latines de l'œuvre totale d'Aristote.

Le haut Moyen Age n'avait connu de l'œuvre de Stagyrite que la *Logica vetus* conservée par Boèce. L'encyclopédie de l'œuvre totale d'Aristote apparut comme la somme des connaissances auxquelles l'esprit humain peut accéder par ses propres forces sans le secours de la Révélation. Le problème de l'accord de la raison et de la foi, dont avait disputé la scolastique, fut désormais ramené à celui de l'accord d'Aristote et du donné révélé. Encouragé par la papauté, c'est le problème auquel allaient se consacrer Albert le Grand et, surtout, l'Ange de l'Ecole, Thomas d'Aquin.

Les discussions astronomiques allaient reprendre en référence au *De Caelo* d'Aristote.

7

La révolution copernicienne

Le système des sphères homocentriques à l'aide desquelles Eudoxe, Calippe et Aristote avaient tenté de rendre compte des mouvements planétaires se révéla bien vite insuffisant. Si les planètes sont emportées par la rotation de la Terre, elles maintiennent leur distance à la Terre. Or, l'observation montre qu'elles varient d'éclat et de diamètre. Ce sont là des variations qui prouvent que la distance des planètes à la Terre se modifie au cours de leurs révolutions.

COMMENT QUATRE THÉORIES ASTRONOMIQUES S'EFFORÇAIENT DE SAUVER LES APPARENCES DES MOUVEMENTS PLANÉTAIRES

Pour en rendre compte, quatre théories furent successivement proposées. La première est celle d'Héraclite du Pont et d'Aristarque de Samos. Elle consiste à faire tourner la Terre et les planètes d'un mouvement circulaire autour du Soleil : c'est la théorie héliocentrique qui sera reprise par Copernic. Cette théorie, adoptée par Séleucus de Séleucie au IIe siècle av. J.-C., fut définitivement écartée pour des raisons religieuses. La seconde théorie consiste à faire circuler les planètes le long de cercles dont le centre est extérieur à celui de la Terre : c'est la théorie des excentriques. La troisième théorie consiste à faire circuler les planètes le long d'un petit cercle appelé épicycle, dont le centre lui-même tourne autour d'un grand cercle, appelé déférant, concentrique à la Terre : c'est la théorie des épicycles. Une quatrième théorie fut celle d'Héraclite du Pont. Elle explique le mouvement diurne des étoiles fixes par la rotation uniforme du globe terrestre d'Occident en Orient autour des pôles de l'équateur. Elle fait décrire au Soleil chaque année d'Occident en Orient un cercle dont la Terre est le centre et à Vénus et Mercure dans le même sens des cercles plus petits autour du Soleil, en un temps égal à leurs révolutions synodiques. Autrement dit, le cercle du Soleil se comporte à l'égard de Mercure et de Vénus comme un cercle déférant et les cercles que ces deux planètes décrivent autour du Soleil se comportent comme deux épicycles. Cette théorie sera reprise au XVIᵉ siècle par Tycho Brahé.

Le plus grand des astronomes antiques, Hipparque, qui vécut dans la seconde moitié du IIᵉ siècle avant notre ère, démontra un théorème capital. Il démontra que la théorie des excentriques et la théorie des épicycles sont équivalentes, c'est-à-dire que, si l'on peut sauver le mouvement apparent d'un astre en le faisant circuler le long d'un excentrique, on pourra également le sauver en le faisant tourner le long d'un épicycle, dont le centre décrit un cercle concentrique à la Terre.

A peine élaborées, les théories des excentriques et des épicycles durent être compliquées par l'abandon d'un des principes posés par les Pythagoriciens, celui de l'uniformité des mouvements célestes. Dans son livre *La grande composition mathématique*, composé vers le milieu du second siècle de notre ère et connu au Moyen Age sous le nom que lui avaient donné les Arabes, l'*Almageste*, où il codifie toutes les données astronomiques connues de son temps, Claude Ptolémée introduisit cette grave innovation : le centre de l'épicycle peut ne pas marcher avec une vitesse constante sur la circonférence du déférant, celui-ci pouvant être lui-même un excentrique mobile autour de la Terre. Il imagina, de plus, que le plan de l'épicycle peut être incliné sur celui de l'excentrique et que l'inclinaison varie, tandis que le centre de l'épicycle parcourt l'excentrique. Bref, en ses combinaisons cinématiques, il dut abandonner le dogme de l'uniformité des mouvements célestes pour ne plus sauvegarder que celui de leur circularité. Ptolémée s'en excuse dans son immortel ouvrage : « Chacun doit s'efforcer de faire concorder le mieux qu'il peut les hypothèses les plus simples avec les mouvements célestes ; mais si cela ne réussit point, il doit adopter celles des hypothèses qui s'adaptent le mieux aux faits. » Les siennes propres, il ne semble pas qu'il les ait considérées autrement que comme les fictions géométriques commodes. Ce serait folie que de vouloir les réaliser et prendre ces équipages de cercles pour l'image fidèle des liaisons des mouvements célestes. Il s'en justifie à l'aide d'un agnosticisme prudent : l'intelligence débile de l'homme, qui habite le monde sublunaire, n'est pas apte à comprendre les phénomènes qui ont leur siège dans le monde céleste.

Au cours du XVIᵉ siècle, la controverse entre les représentants d'Aristote qui cherchaient à expliquer le mouvement des astres par le système des sphères homocentriques et les partisans de Ptolémée qui cherchaient à rendre compte par des entrelacs de plus en plus complexes d'excentriques et d'épicycles appelait une reprise en main de l'astronomie. En 1542, un mathématicien de Wittenberg, Erasme Reinhold, écrivait en parlant de la précision des équinoxes qui posait de nouveaux problèmes : « Voilà bien longtemps que ces sciences attendent un nouveau Ptolémée, capable de relever des études qui tombent et de les remettre en bonne voie. » Le nouveau Ptolémée ne se fit pas attendre puisque, l'année suivante, parut le *De revolutionibus orbium coelestium* d'un chanoine de Frauenbourg, qui avait nom Copernic[40].

II.
LE SYSTÈME HÉLIOCENTRIQUE

L'ouvrage, qui parut le jour même de la mort de l'auteur, le 24 mai 1543, est dédié au pape Paul III. Dans sa dédicace, Copernic s'explique sur son dessein. Il expose les motifs qui l'ont conduit à supposer le mouvement de la Terre.

En proie aux perplexités que faisaient naître dans son esprit « les contradictions des mathématiciens », Copernic s'était avisé de rassembler tout ce que les Anciens avaient écrit au sujet des mouvements des astres, afin de voir « si l'un ou l'autre n'aurait point attribué aux corps célestes d'autres mouvements que ceux admis dans les écoles par les mathématiciens ». C'est ainsi qu'il apprit de Cicéron et de Plutarque que plusieurs auteurs avaient admis la rotation de la Terre autour de son axe, et d'autres, tels Philolaos et Aristarque de Samos, qu'elle est animée aussi d'un mouvement de révolution. Enfin, il découvrit qu'Aristarque de Samos avait soutenu que la Terre gravite autour du Soleil considéré comme le centre du monde, mais cette hypothèse avait été écartée comme incompatible avec la croyance religieuse de l'époque, Cléanthe allant jusqu'à souhaiter que « les Grecs condamnassent Aristarque pour crime d'impiété ». « Ces citations, écrit Copernic, m'engagèrent à songer moi aussi à un mouvement possible de la Terre ; et, bien que cette opinion parût absurde, je crus que, d'autres ayant pris avant moi la liberté d'imaginer autant de cercles qu'il était nécessaire pour expliquer les phénomènes célestes, il me serait bien permis d'essayer si, en admettant un mouvement

75

de la Terre, je ne trouverais point pour la marche des corps célestes des explications plus justes que les leurs. »

Les hypothèses de Copernic étaient, à part cela, aussi conservatrices que possible. Le monde de Copernic est un monde fini, compris dans un orbe matériel, la sphère des étoiles fixes qui a un centre occupé par le Soleil. Le mouvement de rotation de la Terre explique le mouvement diurne des étoiles ; sa révolution annuelle autour du Soleil explique sans peine l'inégalité des mouvements planétaires qui donne naissance aux stations et aux rétrogradations. Mais, pour expliquer les variations périodiques du diamètre apparent des planètes, il lui fallut pourvoir chaque système planétaire d'excentriques et d'épicycles ; pour la Lune, il convient d'employer deux épicycles superposés et il faut un équipage de sept cercles pour Mercure, de cinq pour Vénus. Bref, au point de vue mathématique, l'hypothèse héliocentrique permit seulement de simplifier le système des excentriques et des épicycles de Ptolémée, en économisant tous les agencements de cercles nécessaires pour compenser la liaison de chaque planète avec le Soleil.

Le système copernicien pouvait s'entendre de deux façons. Il pouvait s'entendre comme l'expression même de la réalité. En assimilant la Terre à une planète, il laissait supposer que les autres planètes sont de même nature qu'elle, ce qui conduit à rejeter la dualité du monde, en quoi il était contraire à Aristote. En contredisant les révélations de l'Ecriture, il était inacceptable pour l'Eglise. D'autre part, le système copernicien pouvait être considéré comme une simple fiction mathématique, commode pour calculer et rectifier les Tables astronomiques de Ptolémée. Pris en ce sens, il n'avait aucune raison d'inquiéter l'Eglise.

III.

COMMENT LA PRÉFACE D'OSIANDER SOUSTRAIT LE LIVRE DE COPERNIC AUX CONDAMNATIONS RELIGIEUSES

C'est ce qui arriva grâce au subterfuge du chef de l'Eglise luthérien, André Osiander, qu'un ami de Copernic, Rhéticus, avait chargé de surveiller l'impression du livre de Copernic aux presses de Jean Peticpus à Nuremberg. A la préface de Copernic qui présentait son système comme physiquement vrai et qui ne fut publiée pour la première fois qu'à Varsovie en 1804, Osiander substitua, sans le signer, une sorte d'avertissement intitulé : *Ad lectorem, de hypothesibus hujus Opera*. Il y était déclaré :

« Bien des savants, en raison du bruit qui a été fait un peu partout autour de ce livre, auront été choqués par les enseignements qu'il contient, à savoir : la rotation de la Terre et, par contre, l'immobilité du Soleil au centre de l'Univers. On estime généralement qu'on ne doit pas semer le trouble dans la science dont les fondements ont été établis comme il convient dès l'Antiquité... Il n'est pas nécessaire que ces hypothèses soient vraies ; il n'est même pas nécessaire qu'elles soient vraisemblables. Cela seul suffit que le calcul auquel elles conduisent s'accorde avec les observations »[41].

Osiander avait cru bien faire. Le 20 avril 1541, il

avait écrit à Rhéticus : « Les Péripatéticiens et les Théologiens s'apaiseront assurément, si l'on leur fait entendre qu'à un même mouvement apparent peuvent correspondre des hypothèses différentes ; qu'on ne les donne pas comme exprimant la réalité avec certitude, mais bien afin de réaliser le plus commodément possible le calcul de mouvements apparents et composés. »

Osiander avait vu juste en désignant les deux adversaires qu'aura à affronter Galilée en soutenant la réalité du mouvement de la Terre autour du Soleil ; les Péripatéticiens au nom de la physique d'Aristote et les Théologiens au nom de l'Ecriture. Pour éviter cet affrontement, Osiander préconisait le seul expédient que le cardinal Bellarmini recommandera à Galilée pour essayer de le soustraire aux rigueurs de l'Inquisition : admettre que le système de Copernic est un simple artifice de calcul sans réalité physique, propre à simplifier les calculs pour construire un annuaire du temps.

Copernic avait conscience du risque qu'il prenait en publiant son *Opus magnum*, dont il avait donné, en 1530, un petit avant-goût en un opuscule latin, destiné au monde scientifique, modestement intitulé *Commentariolus*. En en ayant eu vent, Luther, dans un propos de table, se prononça contre « ce fou qui veut bouleverser toute la science de l'astronomie ». Le 16 octobre 1541, Melanchton, réputé pour sa modération, renchérit sur Luther dans une lettre à Burkhard Mithobius : « Beaucoup estiment que c'est un acte remarquable de faire une chose aussi folle que celle de ce chercheur d'étoiles prussien qui met la terre en mouvement et rend le soleil immobile. Vraiment les souverains, s'ils sont sages, devraient mettre un frein au déchaînement des esprits. »

Redoutant le déchaînement des Eglises protestantes et de l'Eglise romaine, longtemps Copernic ajourna la publication du *De revolutionibus orbium coelestium*, écrit en 1532, allant jusqu'à refuser de le publier : « Mes amis m'en dissuadèrent. Longtemps j'hésitais et même leur résistais. » Dans son livre il eut la prudence dédaigneuse d'écrire : « S'il se trouvait des gens frivoles qui, bien qu'ils ignorent tout des mathématiques, se permettraient néanmoins de juger de ces choses et, à cause de quelque passage de l'Ecriture malignement détourné de son sens, oseraient blâmer et attaquer mon ouvrage..., je ne me soucie d'eux en aucune façon et je vais jusqu'à mépriser leur jugement comme téméraire... Les doctes ne s'étonneront pas si de telles gens se moquent de nous. Les choses mathématiques ne s'écrivent que pour les mathématiciens. »

8

La révolution képlérienne

Si l'on voulait résumer l'œuvre de celui qui mérita le surnom de « législateur du Ciel », on serait tenté de dire que son mérite essentiel fut de remplacer le cercle par l'ellipse pour rendre compte des mouvements planétaires. Cette substitution d'une section conique à une autre peut apparaître à première vue comme une simple curiosité mathématique qui n'intéresse que les astronomes. En réalité, elle allait se révéler comme aussi révolutionnaire que le système de Copernic qui ramenait la Terre à n'être qu'une simple planète gravitant autour du Soleil. En détruisant le dogme, qui avait régné sans conteste depuis Pythagore, du mouvement circulaire uniforme des astres seul convenable à leur perfection, elle allait détruire l'opposition séculaire entre la mécanique céleste et la mécanique terrestre, et permettre à Newton de démontrer qu'une même mécanique était capable de rendre compte du cours des astres, du flux et du reflux de la mer, du mouvement des projectiles, de la chute des graves. Sans l'avoir soupçonné, par une de ces ironies de l'histoire, elle allait faire retour, par-delà la théorie dualiste de l'Univers qui s'était imposée pendant plus de vingt siècles, à la conception moniste des astrophysiciens d'Ionie et conduire tout droit à la philosophie mécaniste des Encyclopédistes français du XVIIIe siècle[42].

I.

LA LUTTE DU GÉNIE
ET DE LA MISÈRE

Rien n'illustre mieux la lutte du génie et de la misère que la vie de Kepler. C'est aux prises avec les pires difficultés qu'il réalisa, avec une patience inlassable et un enthousiasme jamais démenti, ses prodigieuses découvertes.

Aîné de sept enfants, Jean Kepler naquit le 27 septembre 1571 à Weil dans le Wurtemberg, d'une rude mère qui ne savait ni lire ni écrire et d'un père qui, peu après la naissance de son fils et tout luthérien qu'il était, alla se mettre au service du duc d'Albe pour combattre les Réformés des Pays-Bas. Revenu dans son

foyer en 1575, ce dernier ouvrit un cabaret où son fils
Jean, affaibli par la petite vérole, dut servir à boire à de
grossiers paysans. A treize ans, jugé trop chétif pour
un travail manuel, ses parents le laissèrent entrer au
séminaire de Tubingen, où il fut reçu gratuitement. Il
y étudia la théologie ; il suivit les cours de mathématiques et d'astronomie d'un maître, Maestlin, dont il
devint l'élève préféré et qui l'initia au système de
Copernic.

Nommé grâce à lui professeur au gymnase de
Graz (1594-1599), par ordre des Etats de Styrie, il dut
rédiger des almanachs agrémentés d'horoscopes, dont
il se justifiera plus tard en déclarant qu'il n'y a pas lieu
de se plaindre si une fille folle entretient sa mère pauvre
et sage.

II.

L'INFLUENCE PYTHAGORICIENNE :

LE « PRODROME »

Sous l'influence d'idées pythagoriciennes et platoniciennes, Kepler publia à Tübingen, en 1595, un ouvrage
sous le titre de *Prodrome des traités cosmographiques*,
pour prouver « que Dieu, en créant l'Univers et en
réglant la disposition des cieux, a eu en vue les cinq
polyèdres réguliers de la géométrie célèbres depuis
Pythagore et Platon, et qu'il a fixé, d'après leur nombre,
le nombre des cieux, leurs proportions, et les rapports de
leurs mouvements ». Si un cube est inscrit dans la
sphère enfermant l'orbite de Saturne, la sphère de
Jupiter sera inscrite dans ce cube. Si un tétraèdre est

inscrit dans la sphère de Jupiter, la sphère de Mars s'inscrira dans ce tétraèdre, et ainsi de suite pour les cinq solides réguliers et les six planètes. Bien que la relation ne fût qu'approximativement exacte et que la découverte de planètes nouvelles en eût détruit la base, elle procura à Kepler plus de joie que les lois qui allaient immortaliser son nom.

L'ouvrage, adressé à tous les astronomes en renom, eut le mérite de le mettre en rapport avec Galilée, et, surtout, avec Tycho Brahé. Ce dernier lui annonça son arrivée prochaine en Allemagne et lui proposa de se l'attacher comme collaborateur. Kepler n'eut pas à débattre longtemps cette proposition. En effet, le grand-duc Ferdinand d'Autriche qui venait de succéder à son père, sous prétexte que les protestants avaient irrité les catholiques par de graves outrages à l'adresse du Pape, dénonça l'édit de liberté religieuse conféré par son père et ordonna le renvoi dans les quinze jours de tous les professeurs protestants. En dépit d'une dispense spéciale dont il bénéficia quelque temps, Kepler se vit appliquer la mesure d'expulsion. Après de vains efforts pour obtenir une place à l'Université de Tubingen où il se buta à l'étroitesse d'esprit des théologiens protestants qui, « préférant être en désaccord avec le Soleil que d'accord avec le Pape », lui reprochaient d'avoir utilisé dans ses almanachs la réforme grégorienne. Il dut abandonner Graz, tous les biens de sa femme, épousée trois ans auparavant, pour rejoindre Tycho Brahé à Prague et se mettre à son service.

LA COLLABORATION AVEC TYCHO BRAHÉ

L'association fut orageuse. « Il est impossible de vivre avec Tycho, écrit Kepler à un de ses amis, sans s'exposer aux pires avanies. » Souffrant d'une fièvre intermittente compliquée de toux, la santé de Kepler était lamentable. Heureusement pour lui, Tycho Brahé mourut le 24 octobre 1601, lui léguant ses tables d'observation, en particulier celles sur la planète Mars, et le titre d'astronome de l'Empereur, qui lui valut, sous Rudolphe II et ses deux successeurs, plus de promesses que d'avantages, car il n'arriva jamais à se faire payer. Sur son lit de mort, Tycho Brahé avait demandé à Kepler de poursuivre le calcul de ses tables planétaires, en utilisant singulièrement ses observations accumulées pendant vingt-cinq ans sur la planète Mars.

Le système héliocentrique de Copernic bouleversait trop les idées reçues pour être adopté par les astronomes et, d'autre part, il était difficile de revenir aux conceptions de Ptolémée dont la caducité ne faisait aucun doute. Aussi chercha-t-on des hypothèses de compromis. Tel fut le cas de Tycho Brahé. Il rêvait au système qu'avait proposé Héraclide du Pont dans l'Antiquité, supposant la Terre immobile au centre de l'Univers, le Soleil gravitant autour d'elle, mais les planètes tournant autour du Soleil, ce qui permettait de sauver les apparences. Dans ce système les planètes parcourent des épicycles, c'est-à-dire des petits cercles, dont le centre parcourt le cercle concentrique décrit par le Soleil autour de la Terre. Partant de cette hypothèse, Kepler, au prix d'un labeur immense qui nécessita quatre ans de travail, découvrit un écart de 8 minutes d'arc entre les positions observées et les positions calculées de la planète Mars. C'était là un écart bien supérieur aux erreurs possibles d'observation. « La bonté divine, écrit Kepler, nous a donné en Tycho Brahé un observateur si exact, que cette erreur de 8 minutes est impossible. Il faut remercier Dieu et tirer parti de cet avantage ; il faut découvrir le vice de nos suppositions... *Ces 8 minutes qu'il n'est pas permis de négliger, vont nous donner les moyens de réformer toute l'astronomie.* »

IV.

L'ORBITE DE LA PLANÈTE MARS

Du monceau d'observations accumulées par Tycho Brahé portant sur le mouvement angulaire des planètes vues de la Terre, il s'agissait de déterminer les mouvements planétaires. Si l'on réfléchit qu'on ne sait jamais à quelle distance se trouve une planète à un moment donné, car on perçoit seulement la direction dans laquelle elle est aperçue à ce même moment et les variations de cette direction au cours de l'année terrestre, on se rend compte de l'incroyable difficulté qui consistait à mettre de l'ordre dans ce chaos.

En se plaçant dans l'hypothèse héliocentrique à laquelle Kepler se rallia, il convenait d'abord de déterminer quelle courbe inconnue la Terre décrit autour du Soleil ; puis, tenu compte du mouvement propre de la Terre, quelles courbes inconnues les autres planètes décrivent autour du Soleil. Enfin, il s'agissait de déterminer à quelles distances la Terre et les planètes se trouvent du Soleil.

Pour déterminer l'orbite de la Terre autour du Soleil, il faut disposer, outre le Soleil, d'un second point fixe dans l'espace planétaire qui puisse servir de base de triangulation. Les mouvements apparents de Mars étaient connus avec une grande précision grâce à Tycho, y compris sa période de révolution autour du Soleil, l'année martienne. Kepler admit que tous les six cent quatre-vingt-sept jours, la durée de cette année, Mars se retrouve en opposition avec le Soleil au même point de l'espace planétaire, si bien que la droite qui l'unit alors au Soleil fournit la base SM de triangulation recherchée. En notant, au terme de chaque année martienne, les positions (n) successivement occupées par la Terre par rapport SM ; il put déterminer empiriquement l'orbite de la Terre qui contient ces (n) points. Se servant alors de la Terre elle-même comme point de triangulation en un temps quelconque, Kepler reprit l'étude de la planète Mars. Considérant sa distance maxima SA, puis sa distance minima SP au Soleil, il suppose que l'orbite inconnue est symétrique par rapport à la droite PA. Il calcule les longueurs SA, SP, puis l'excentricité et enfin les rayons vecteurs pour des positions quelconques de la planète. Il trouve que les rayons vecteurs de la planète sont plus petits que les distances correspondantes sur l'excentrique. L'orbite réelle, conclut-il, n'est pas un cercle, « elle est plus étroite sur les deux côtés ; elle a la forme d'un ovale ».

Ses idées mystiques le portent à croire que cet ovale a la figure obtenue en coupant un œuf dans le sens de sa longueur. Il essaye dix-neuf courbes différentes, et, après avoir vu sa théorie s'en aller en fumée et s'être tourmenté l'esprit jusqu'à la démence, il essaye de nouveau la figure elliptique qu'il avait écartée par suite d'une erreur de calcul. O merveille ! Tout s'arrange, les écarts disparaissent : « L'orbite de Mars est une ellipse dont un des foyers est au centre du Soleil. »

Le dogme de la circularité des orbites planétaires était donc en défaut. Il en était de même de celui de l'uniformité des mouvements planétaires. Dès le début de ses calculs, Kepler avait trouvé que la vitesse de Mars n'était pas constante. Plus elle s'approche du Soleil, plus sa vitesse augmente. Kepler découvre que l'uniformité doit être transférée des vitesses orbitales aux aires décrites par les rayons vecteurs, c'est-à-dire que la ligne qui joint le Soleil à la planète balaie des surfaces égales dans des temps égaux, ce qu'il avait déjà découvert pour la Terre.

Kepler vérifia, toujours d'après les Tables de Tycho, que ces deux lois découvertes au sujet de Mars s'étendent aux autres planètes, à la Lune et aux quatre satellites de Jupiter découverts par Galilée.

V.

LES LOIS KÉPLÉRIENNES
DES MOUVEMENTS PLANÉTAIRES

C'est en 1609, dans son *Astronomia nova* que Kepler put énoncer les deux premières lois des mouvements planétaires dans toute leur généralité :

1 / *Les planètes décrivent des ellipses dont le Soleil occupe un des foyers.*

2 / *Les aires décrites par le rayon vecteur qui joint une planète au Soleil sont proportionnelles au temps mis à les balayer.*

Enfin, en 1619, dans son *Harmonia Mundi*, Kepler parvint à énoncer une troisième loi qui lui demanda plus de travail encore. Elle associe le temps que les planètes mettent à accomplir leurs révolutions autour du Soleil, ou périodes, à leurs distances moyennes au Soleil :

3 / *Les carrés des périodes sont proportionnels aux cubes des distances moyennes des planètes au Soleil.*

En désignant par T la période d'une planète et par a sa distance moyenne au Soleil (demi grand-axe de son ellipse), on obtient $\dfrac{T^2}{a^3} =$ constante pour toutes les planètes. Si donc une planète est quatre fois plus éloignée du Soleil qu'une planète B, sa période sera huit fois plus grande ; mais, ayant quatre fois plus de chemin à parcourir, sa vitesse moyenne sera réduite de moitié. Il en résulte que plus une planète est proche du Soleil, plus vite elle se meut.

Cette troisième loi, en fournissant une relation entre les trajectoires des diverses planètes, harmonisait tout le système. Si l'on songe que dans son *Prodrome* de 1596 il avait déjà proposé une relation (inexacte) entre les périodes et les dimensions des orbites, on voit avec quelle persévérance il poursuivit la recherche des *Harmonies du Monde*.

Grâce à l'usage des logarithmes inventés par Napier et qui se répandirent en Allemagne à cette époque, Kepler, en partant de ses lois, put calculer exactement l'orbite de Mars et des autres planètes, parachevant ainsi, au prix d'un labeur incroyable, les tables astronomiques commencées par Tycho Brahé, qui désirait les appeler *Rudolphinae* en l'honneur de son protecteur Rudolph II. Ce sont les premières tables planétaires basées sur l'hypothèse héliocentrique et le mouvement elliptique.

Bien que parti d'une série d'idées *a priori* puisées dans le vieux fonds pythagoricien, scolastique et animiste de son époque, Kepler eut le rare mérite de toujours s'incliner devant le diktat de l'expérience. Puissant et inlassable calculateur, il remaniait ses hypothèses jusqu'à ce qu'elles s'ajustassent avec les recueils d'observations impeccables que, par une bonne fortune insigne, lui avait légués celui qu'il appelle « le phénix Tycho », en particulier celles concernant la planète Mars dont l'ellipse, par une autre chance heureuse, est la plus aplatie. Enfin, l'état d'imprécision des instruments dont se servaient les astronomes à son époque lui permit de négliger les écarts dus aux perturbations qu'exercent les planètes les unes sur les autres en s'attirant, qui eussent masqué la simplicité des orbites elliptiques et rebuté ses efforts.

VI.

COMMENT UN PROBLÈME
DE DYNAMIQUE CÉLESTE
SE SUBSTITUE À UN PROBLÈME
DE CINÉMATIQUE CÉLESTE

Grâce à Kepler, finie la complication des cycles et des épicycles. Kepler rendait aux planètes leur liberté de circulation dans l'espace et suscitait un problème qui allait dominer les préoccupations des astronomes jusqu'à Newton : quelle force explique le mouvement elliptique des planètes autour du Soleil ? C'est le problème de la dynamique céleste, qui se substitue au problème de cinématique posé par les Pythagoriciens, consistant à expliquer les mouvements des astres par des engrenages de roues et des sphères, comme un mécanisme d'horlogerie.

S'inspirant de la philosophie aimantiste que William Gilbert avait mise à la mode par son *De Magnete* paru à Londres en 1600, Kepler pressent la gravitation. Il déclare qu'il existe « une affection naturelle entre le corps de nature magnétique » qui les attire en raison inverse de leur distance. Deux corps isolés dans l'espace viendraient à se joindre en un lieu intermédiaire et les chemins qu'ils parcourraient pour se rejoindre seraient en raison inverse de leurs masses. Si la Terre et la Lune n'étaient pas maintenues dans leur orbite par quelque âme motrice *(anima motrix)*, elles se précipiteraient l'une sur l'autre. Kepler n'imagina pas que la gravité puisse maintenir la Terre, la Lune et les planètes dans leur orbite sans faire appel à une âme motrice, et par la seule vertu de ce que Newton appellera la gravitation universelle et Einstein la courbure de l'espace-temps au voisinage des masses sidérales.

Le problème de la dynamique céleste posé par Kepler allait, grâce à ses lois, être résolu par Newton. Ce dernier montra que le mouvement curviligne d'un corps ne peut se comprendre que par l'action d'une accélération déviatrice. En partant de la loi des aires, on est conduit à l'hypothèse d'une accélération centrale. La troisième loi conduit alors à une accélération centrale s'exerçant en raison inverse du carré de la distance. Réciproquement on prouve par le calcul qu'une telle accélération produit un mouvement dont la trajectoire est une conique et, spécialement, une ellipse.

La loi de la gravitation universelle, jointe aux autres principes de la mécanique dégagés des travaux de Galilée et de Huygens, allait permettre à Newton de démontrer qu'une même mécanique rend compte du cours des planètes, de leurs satellites, des comètes, aussi bien que du mouvement des marées, de la trajectoire des projectiles et de la chute des graves. L'unité des lois qui régissent le monde était désormais établie.

9

La révolution galiléenne

12 mars 1610. Dans les bibliographies universelles, rien ne privilégie cette date-là d'une mention à portée mondiale, comme la prise de Constantinople ou la découverte de l'Amérique. Le monde occidental suivait son train habituel, fait de violence, de sang versé, de résignation des pauvres, d'arrogance des grands, de sacrifice des uns, de révolte des autres, de réalisme et d'utopie. Philippe III s'enorgueillissait d'avoir finalement bouté les Maures hors du royaume des Rois catholiques. Sully élaborait son grand dessein : les Etats-Unis

d'Europe. Un halluciné, Ravaillac, s'apprêtait à assassiner Henri IV. La Sainte-Ligue s'alliait avec l'Espagne. Les poètes déversaient dans leurs vers le trop-plein de leurs rêves insatisfaits. Shakespeare écrivait *Cybeline*. Les commerçants tiraient des traites sur la nouvelle banque d'Amsterdam. Le procès en canonisation de saint Charles Borromée s'achevait. Cependant ce jour, pas comme les autres, sortait des presses de Venise un mince ouvrage qui allait, à plus ou moins long terme, changer l'âme des hommes en les amenant à s'affranchir de la tutelle des dieux et à assumer seule leur propre destin.

I.

LE « CANNOCCHIALE » DE GALILÉE

Ce petit livre était écrit en latin, car il s'adressait à l'Europe savante. Il portait pour titre *Sidereus Nuncius*, soit qu'on lui donnât le sens de *Message des étoiles* ou de *Messager des étoiles*[43]. Son auteur était Galileo Galilei, professeur de mathématiques à l'Université de Padoue. Au printemps 1609, il avait eu vent d'un appareil d'optique, construit par des artisans hollandais, qui permettait d'agrandir considérablement les objets à distance. Soit qu'il en eût possédé un exemplaire, soit que la seule nouvelle de cette invention eût suffi à stimuler son génie créateur, il réalisa un *cannocchiale*, un *perspicillum* beaucoup plus perfectionné, le premier télescope scientifique, capable de rapprocher les objets de 30 fois et par conséquent d'accroître leur surface de 900 fois et leur volume de 27 000 fois. Sitôt qu'elle en fut informée, la Sérénissime, à laquelle appartenait Padoue, réalisa les avantages militaires qu'elle pouvait tirer d'un tel instrument, pour voir les flottes ennemies de loin avant que celles-ci aient pu détecter les siennes. Le 21 août 1609, consigne le procès-verbal du procurateur de la République vénitienne, de vénérables sénateurs furent délégués pour observer, sous la conduite de Galilée, ce qui pouvait se voir au moyen de la lunette du sommet du campanile de Saint-Marc : « En appliquant un œil contre la lunette et fermant l'autre, chacun de nous a vu distinctement... la coupole et la façade de l'église Sainte-Justine de Padoue. On distinguait aussi ceux qui entraient à l'église Saint-Jacques de Murano et ceux qui en sortaient ; on voyait les gens monter en gondole ou en descendre au passage de la Colonne, à l'entrée du canal des Vitriers, ainsi que d'autres détails vraiment merveilleux... Le Sénat tout entier, présidé par le Doge en personne, assura une véritable ovation à Galilée et lui offrit, avec un engagement à vie, le traitement exceptionnel, pour une chaire de mathématique.

II.

LES RÉVÉLATIONS DU « SIDEREUS NUNCIUS » :
LE MESSAGE CÉLESTE

Le monde des Anciens, transmis par Aristote, considérait les astres comme des globes parfaitement sphériques, lisses et polis. Or, la Lune vue par la lunette se révélait accidentée, recouverte de hautes élévations et de profondes cavités, tout comme la surface de la

Terre : elle était donc de nature terreuse, comme l'avaient soutenu les physiciens d'Ionie. Ses phases et sa lumière cendrée établissaient qu'elle ne brillait pas par elle-même, mais qu'elle recevait directement son éclairage du Soleil et par réflexion de la Terre. La Galaxie, ou Voie lactée, apparaissait comme un fourmillement d'étoiles. Aux six grandeurs d'étoiles déjà connues, il convenait d'ajouter « six nouveaux seuils de grandeur », tels que les étoiles de la septième grandeur paraissaient à la lunette plus brillantes et plus grosses que celles de la sixième vues à l'œil nu. Dans la seule constellation de l'Orion, Galilée comptait « plus de cinq cent étoiles nouvelles disséminées autour des anciennes connues ». La lunette révélait quatre nouvelles étoiles errantes gravitant autour de Jupiter, tout comme Vénus et Mercure autour du Soleil. Le fait que le nombre des étoiles se multipliait avec la distance faisait voler en éclats la sphère cristalline des étoiles fixes et posait le problème de l'infinité du monde, d'autant plus que la découverte des satellites de Jupiter, offrant en réduction l'image d'un système planétaire, permettait d'inférer que toutes les étoiles pouvaient être des centres d'attraction comme le Soleil, « car les étoiles sont autant de soleils ». La théorie héliocentrique était dépassée. On ne pouvait plus parler du centre du monde. « Ni vous, ni aucun autre n'a jamais prouvé que l'Univers soit fini et doué de forme ou, au contraire, infini et indéterminé », déclare Salviati s'adressant à Simplicius dans le *Dialogue sur les deux grands systèmes du Monde*.

De 1610 à 1619, Galilée poursuivit ses découvertes. Il observa Saturne qui montrait deux excroissances, mais la puissance de sa lunette ne lui permit pas de découvrir que c'était des anneaux. Il découvrit les phases et les dimensions de Vénus. Il observa les tâches du Soleil dont le déplacement prouvait la rotation du Soleil sur lui-même, suggérant par analogie celle de la Terre. La découverte en 1573, par Tycho Brahé, d'une *nova*, l'apparition d'une nouvelle étoile le 9 octobre 1604, dans la constellation du Serpentaire démentaient l'affirmation d'Aristote que le Ciel n'est pas soumis à la génération et à la corruption, puisque le Soleil avait des tâches et que des astres nouveaux surgissaient. L'antique dualité du monde céleste et du monde terrestre s'effondrait du coup. Au monde fini, incorruptible et hiérarchisé des Grecs se substituait un monde infini et homogène que Newton allait révéler comme soumis aux mêmes lois. Une même mécanique permettait de rendre compte des trajectoires des corps célestes et des mouvements des mobiles terrestres. On revenait à l'unité du monde et à l'universalité de ses lois pressenties par les astrophysiciens d'Ionie.

L'astronomie nouvelle détruisit le théâtre des saintes dramaturgies. Elle privait de toute signification physique certains dogmes fondamentaux, comme le transport des âmes au Ciel, l'ascension corporelle de Jésus et son retour sur les nuées. Ces dogmes postulaient une représentation du monde semblable à celle que le moine Cosmas Indicopleust avait tirée des Ecritures : une Terre plate et un Ciel éployé parallèlement à la verticale, ce qui avait conduit l'Eglise à un combat désespéré d'arrière-garde pour prouver l'impossibilité des antipodes. Dans un monde infini et isotrope, la notion d'une verticale douée d'un sens absolu perd toute signification. Si chaque étoile pouvait être un centre d'attraction comme le Soleil, alors venait à l'esprit l'idée de la pluralité des mondes habités qui sera un des chevaux de bataille des philosophes du XVIIIe siècle contre l'orthodoxie. Mais, si d'autres planètes sont habitées, l'incarnation est-elle valable pour elles toutes ? Par une myopie incroyable, ces conséquences ruineuses pour les dogmes échappèrent aux adversaires de Galilée, aux aristotéliciens comme aux censeurs du Saint-Office. Le conflit entre Galilée et l'Eglise dérivera sur un sujet connexe, celui de l'interprétation des Ecritures pour tout ce qui ne concerne ni la foi ni les mœurs.

10

Le conflit de Galilée
avec l'Eglise

En recevant le *Messager des Astres*, Kepler jubila. Il adressa à Galilée ce cri de victoire : *Galilae, tu vincisti!* Galilée lui répondit le 19 août 1616 de Florence, où le Grand-Duc venait de le faire venir avec le titre de premier mathématicien et philosophe de la Cour : « Tu es le premier et presque le seul qui, après un examen rapide des choses, grâce à ta pensée indépendante et à ton esprit élevé, ajoute foi à mon rapport... Que dis-tu des premiers philosophes de la Faculté d'ici (celle de Pise), auxquels j'ai mille fois spontanément offert de montrer mes travaux, et qui, avec l'obstination inerte d'un serpent repu, se refusent à voir planètes, Lune et télescope ! En vérité, comme le serpent ferme ses oreilles, ils ferment leurs yeux à la lumière... Ces sortes de gens considèrent la philosophie comme une espèce de livre, par exemple comme *L'Enéide* ou *L'Odyssée*. Selon eux, il faut chercher la vérité non dans l'espace céleste, non dans la nature ; mais, et je me sers de leurs propres termes, dans la comparaison des textes. Que faire ? Je pense, mon Kepler, que nous rirons de l'insigne sottise ! »

I.
L'OPPOSITION DES THÉOLOGIENS

L'opposition des hommes d'Eglise n'était pas moins vive. Le système héliocentrique n'était-il pas contraire à l'Ecriture que le Concile de Trente faisait obligation de prendre à la lettre ? Josué, pour s'assurer la victoire, n'avait-il pas arrêté le Soleil pour obtenir la victoire ? La Lune pouvait-elle être une autre Terre, alors qu'il est dit dans la Genèse : « Et Dieu fit deux luminaires, un grand pour présider au jour, un petit pour présider la nuit. » Un ami vénitien de Galilée, le P. Paolo Sarpi, écrivait mélancoliquement : « Je prévois que l'on changera la question de physique et d'astronomie en une question de théologie et qu'à mon grand chagrin Galilée, pour vivre en paix et échapper à la flétrissure d'hérétique et d'excommunié, devra se rétracter. Il viendra un jour où les hommes de sens, plus éclairés, déploreront la disgrâce de Galilée et l'injustice commise envers ce grand homme ; mais, en attendant, il devra la supporter et ne s'en plaindre qu'en secret. » C'est ce qui arriva.

Le 21 décembre 1614, un prédicateur dominicain, Tomas Caccini, lança une première attaque en choisissant pour texte le passage des Actes (I, 11), dont il fit un judicieux jeu de mot : « *Viri Galilei, quid statis aspicientes in caelum ?* Galiléens, pourquoi vous arrêtez-vous à regarder le ciel ? » Il montra que le système de Copernic était incompatible avec l'Ecriture et termina son sermon en déclarant que les mathématiques étaient une invention du diable et que les mathématiciens, en tant qu'auteurs de toutes les hérésies, devaient être bannis de tous les Etats chrétiens. D'autres adversaires adressèrent des plaintes à l'Inquisition et le P. Nicole Lorini déposa, le 20 mars 1615, une accusation formelle contre Galilée auprès du Saint-Office.

II.
LA LETTRE À
LA GRANDE-DUCHESSE DE TOSCANE

Galilée avait cru se couvrir dans une lettre adressée dans le courant de 1615 à la grande-duchesse de Toscane. Cette lettre est le véritable *Discours de la méthode* qui inaugure les temps modernes[44].

L'auteur distingue deux sortes de langage, le langage commun qui est conforme aux apparences et le langage scientifique qui repose sur des observations exactes et des démonstrations nécessaires. Dieu, dans son infinie sagesse, lorsqu'il dicta les Ecritures, s'exprima dans le langage ordinaire que seul l'homme du commun pouvait comprendre. C'est pourquoi il dit que le Soleil tourne autour de la Terre. Le langage scientifique est tout autre ; il ne s'adresse qu'au savant qui sait lire le livre de la nature écrit avec des figures et des chiffres. La conclusion est que la vérité est une, mais qu'il y a deux langages pour l'exprimer.

Galilée montre l'impossibilité de prendre à la lettre les Ecritures, sans quoi on tomberait dans de grossiers anthropomorphismes, comme d'attribuer à Dieu des pieds, des mains, des yeux, des affections corporelles et humaines telles que la colère, le repentir, la haine, l'ignorance de l'avenir, l'erreur. L'exégèse accommodatrice a été reconnue comme une nécessité par les théologiens. Dès lors, devait-elle être appliquée a fortiori aux passages concernant les phénomènes naturels étrangers à la foi et aux mœurs :

« Aussi me semble-t-il que, dans la discussion des problèmes de physique, on ne devait pas prendre pour critère l'autorité des textes sacrés, mais les expériences et les démonstrations mathématiques. En effet, c'est également du Verbe divin que procèdent l'Ecriture sainte et la Nature : l'une, comme dictée par le Saint-Esprit ; l'autre, comme exécutrice obéissante des ordres de Dieu. Mais, alors que les Ecritures, s'accommodant à l'intelligence du commun des hommes, parlent en beaucoup d'endroits selon des apparences et en des termes qui, pris à la lettre, s'écartent de la vérité, la nature, tout au contraire, se conforme inexorablement et immuablement aux lois qui lui sont imposées sans en franchir jamais les limites, et ne se préoccupe pas de savoir si ses raisons cachées et ses façons d'opérer sont à la portée de notre capacité humaine. Il en résulte que ce que les phénomènes naturels révèlent à nos yeux ou ce que les démonstrations nécessaires concluent ne doit, en aucune manière, être révoqué en doute, et, *a fortiori*, condamné au nom des passages de l'Ecriture, quand bien même le sens littéral semblerait les contredire. Car les paroles de l'Ecriture ne sont pas astreintes à des obligations aussi impérieuses que les effets de la nature, et Dieu ne se révèle pas moins excellemment dans les effets naturels que dans les paroles sacrées des Ecritures.

« Prohiber aujourd'hui le système de Copernic, alors qu'une multiplicité d'observations nouvelles le vérifient chaque jour davantage et que son livre se diffuse de plus en plus dans le monde des lettrés, et cela, après l'avoir toléré pendant tant d'années, cependant qu'il était moins répandu et moins certain, ce serait, à mon avis, se mettre en opposition avec la vérité et en être réduit à faire d'autant plus d'efforts pour la cacher ou la supprimer qu'elle se manifeste d'une façon plus évidente et plus éclatante. »

La lettre se terminait par un avertissement qui sonnait comme un défi :

« Certes, sur toutes les propositions qui ne relèvent pas directement de la foi, nul doute que le Souverain Pontife n'ait, en tout cas, le pouvoir absolu de les approuver et de les condamner ; mais il n'est au pouvoir d'aucune créature humaine de les rendre vraies ou fausses, et autres qu'elles ne sont par nature et effectivement. »

En cela, Galilée ne raisonnait pas autrement que Kepler qui, pour se défendre des attaques de l'Eglise

luthérienne, avait déclaré dans son *Astronomie nouvelle* :
« En théologie on pèse l'importance des autorités ;
en philosophie (en matière de sciences) celle des raisons.
Saint est Lactance qui a nié que la Terre fût ronde,
saint est Augustin qui, tout en admettant la rotondité
de la Terre, niait les antipodes, saint est le Tribunal
de l'Inquisition qui, tout en admettant le petitesse de
la Terre, nie aujourd'hui qu'elle se meuve. Mais plus
sainte encore est pour moi la vérité. Et, sans vouloir
porter atteinte au respect dû aux Docteurs de l'Eglise,
je démontre par la science que la Terre est ronde, qu'elle
est habitée aux antipodes, qu'elle est d'une petitesse
infinie et qu'elle se meut dans les cieux »[45].

III.
LA CONDAMNATION DE GALILÉE

En soutenant comme Kepler que l'Ecriture n'a
autorité qu'en matière de foi et de mœurs, mais non
en matière de physique, si bien qu'en cas de conflit
elle se doit interpréter allégoriquement, Galilée pensait
avoir désarmé ses adversaires. Il avait, au contraire,
signé sa propre condamnation, en s'aventurant sur un
terrain strictement réservé. Comme le lui avait écrit
un de ses amis, Mgr Dini, le 2 mai 1615 : « Les théologiens admettent la discussion mathématique quand
elle est présentée à titre de simple hypothèse, comme
ils prétendent que l'a fait Copernic (d'après la préface
d'Osiander). On aura cette liberté, pourvu qu'on
n'entre pas dans la sacristie. » En prenant parti
en matière d'exégèse, Galilée était entré dans la

sacristie. Dès lors, le procès de Galilée était inévitable.

Le 5 mars 1616, la Congrégation de l'*Index* publia un décret suspendant le livre de Copernic : *Des révolutions des globes célestes*, jusqu'à ce qu'il fût corrigé, interdisant et condamnant un ouvrage du carme Paolo Antonio Foscarini, et condamnant, interdisant et suspendant tous autres ouvrages où la doctrine de Copernic était enseignée.

En mars 1632, Galilée édita néanmoins son ouvrage : *Dialogues sur deux systèmes du monde*, avec un double *imprimatur* péniblement obtenu après deux ans de tractations. Mais, bien que les deux systèmes, celui de Copernic et celui de Ptolémée, ne fussent exposés qu'à titre d'hypothèses, le nouveau pape, Urbain VIII, se laissa persuader par les Jésuites qu'il était personnellement visé et ridiculisé sous les traits de Simplicius, défenseur du système de Ptolémée, et que « le *Dialogue* était plus exécrable et pernicieux pour la Sainte Eglise que les écrits de Calvin et de Luther ». Dès lors, le procès de Galilée devenait inévitable[46].

On ne pouvait condamner Galilée, protégé par un double *imprimatur*, que sous un faux prétexte et c'est ce qu'on n'hésita pas à faire. On « découvrit » une injonction formelle qui aurait été signifiée à l'inculpé en 1615, lui défendant d'enseigner ou de discuter le sujet du système du monde « de quelque manière que ce fût, *quovis modo* »[47].

La sentence du Saint-Office fut lue, le mercredi 22 juin 1632 au matin, dans la grande salle de Santa Maria sopra Minerva, devant Galilée agenouillé dans la chemise blanche des pénitents. Elle déclarait :

« La proposition que le Soleil est le centre du monde

et immobile de tout mouvement local est absurde en philosophie et formellement contraire à la Sainte Ecriture.

« La proposition que la Terre n'est ni le centre du monde, ni immobile, mais qu'elle se meut, et aussi qu'elle est animée d'un mouvement diurne, est également une proposition absurde et fausse en philosophie, et considérée, en théologie, pour le moins erronée selon la foi. »

En conséquence, le livre de Galilée fut prohibé, et son auteur, « véhémentement suspect d'hérésie », condamné « à la prison formelle du Saint-Office », punition commuée en une relégation perpétuelle en sa métairie d'Arcetri, près de Florence.

Le décret de 1616 fut reproduit *in extenso* dans toutes les éditions de l'*Index* jusqu'en 1664. A partir de cette date et jusqu'en 1757, la condamnation papale fut étendue « à tous livres enseignant le mouvement de la terre et l'immobilité du soleil ». C'est ainsi qu'au xviiie siècle, à la Sorbonne, on enseignait encore la théorie de la Terre immobile. Ce n'est que le 11 septembre 1822 que Rome reconnut le mouvement de la Terre, la levée de l'*Index* n'intervenant qu'en 1835.

En condamnant Galilée, l'Eglise avait signé sa propre condamnation. La question véritable ne consistait pas à savoir si le système héliocentrique était vrai ou faux, mais s'il faut préférer l'autorité de l'Eglise aux données de l'expérience logiquement interprétée. Certains dogmes, comme l'ascension de Jésus ressuscité, son retour du Ciel sur la Terre, perdaient toute signification. On ne savait plus où domicilier le Ciel, le purgatoire et l'enfer. Les religions de salut, qui avaient déferlé de l'Orient sur le monde romain, perdaient le théâtre de leurs saintes dramaturgies. L'antique dualité du Ciel et de la Terre faisait place à l'unité du Cosmos.

Le procès de Galilée est l'heure décisive de l'histoire de l'esprit humain, écrit Renan. C'est, en effet, l'heure où l'esprit humain s'affranchit du double joug d'Aristote et de l'Ecriture pour fonder la science sur ses assises véritables, l'expérience et les mathématiques[48].

La science en tant que force déterminante commence avec Galilée[49], décrète Bertrand Russell. Trois jours avant que ne s'éteigne Galilée aveugle dans son exil d'Arcetri, naissait Isaac Newton. Il allait réaliser la synthèse de l'astronomie de Kepler et de la mécanique de Galilée, en montrant que les mêmes lois régissent la trajectoire des astres et les mouvements des corps terrestres dans un univers unifié.

11

Les conséquences
de la révolution galiléenne

Ainsi donc, dans le jardin de sa villa de Padoue, Galileo Galilei, en braquant sur le ciel sa lunette astronomique, fit voler en éclats toute la cristallerie des sphères célestes, arrêta pour toujours la savante horlogerie des excentriques et des épicycles. Un monde nouveau se révéla aux regards éblouis de l'homme, un monde non plus fermé, mais ouvert sur l'infini, où floconne à perte de vue la neige diffuse des nébuleuses résolubles en des myriades d'étoiles. En changeant de système du monde, l'âme humaine allait changer de dimension. Avec ce prodige d'une nuit d'été s'inaugurent les Temps modernes.

Les conséquences
de la révolution galiléenne

I.

L'INQUIÉTUDE DES RELIGIEUX :
LA LETTRE DE CAZRÉE À GASSENDI

Les contemporains de Galilei et leurs successeurs, en vertu d'une loi d'hystérésis mentale, furent longs à réaliser toutes les conséquences de l'astronomie nouvelle. Copernic avait détrôné la Terre du centre de l'Univers. Séjour de l'homme, elle était déchue de sa place privilégiée pour prendre figure « d'astre subalterne, circulant à son rang entre Vénus et Mercure ». Mais le système solaire n'était lui-même qu'une unité que rien ne privilégiait parmi une infinité d'astres semblables. La rédemption de l'homme par le fils de Dieu se conciliait sans effort avec la cosmologie du Moyen Age ; elle entrait logiquement dans le plan divin, que l'ordonnance du monde, à s'en tenir aux apparences, semblait vérifier. Mais, voici que des milliards de planètes, contenues dans des milliards de systèmes solaires, élevaient la même prétention à la sollicitude divine : combien de fois s'était renouvelé le miracle salutaire de l'Incarnation ? La pluralité des mondes habités qui s'imposait naturellement à l'esprit, comme Fontenelle devait l'expliquer à la marquise, était incompatible avec la Révélation. C'est ce dont se rendit compte de suite un jésuite, recteur du collège de Dijon, le P. Cazrée, dans une lettre adressée à Gassendi qui avait accueilli avec enthousiasme le système héliocentrique de Copernic et le *Message céleste* de Galilée. Cette lettre angoissée ne comprend pas moins de huit colonnes in-folio dans le tome VI de l'édition des œuvres de Pierre Gassendi, publiée à Florence en 1727. Il y traite, entre autres questions, celle des rapports entre les données scientifiques et les doctrines religieuses.

Préoccupé de ce que deviendront les « saints mystères de notre religion », il regrette que Gassendi trouve « peu solide l'argument par lequel les philosophes ont l'habitude de démontrer le repos de la Terre ». Quant à lui, Cazrée, il consentirait à laisser la Terre se mouvoir autour de son axe. « De cette façon tu aurais écarté ce mouvement si rapide des astres qui semble surtout avoir déplu au plus grand nombre des disciplines de Copernic ; tu t'en tiendrais à un mouvement modéré, et, par là, il te serait plus aisé de rester fidèle aux Ecritures Saintes. » « D'ailleurs, ajoute-t-il, il ne faut jamais oublier que nous ne sommes pas seulement philosophes, mais aussi chrétiens, et que notre philosophie ne doit ni ne peut s'écarter de la foi chrétienne. En conséquence, songe, non à ce que peut-être tu juges toi-même, mais à ce que penseront la plupart des autres, qui, séduits, soit par ton autorité, soit par tes raisons, se persuaderont que le globe de la Terre se meut parmi les planètes. D'abord, ils en concluront que la Terre est sans doute une des planètes ; puis, comme elle a des habitants, il sera facile de croire qu'il y a aussi des habitants dans les autres planètes, et que même il n'en manque pas dans les étoiles fixes, et qu'ils y sont aussi supérieurs (à nous) que les autres astres surpassent la Terre en grandeur et en perfection. Il s'ensuivra qu'on mettra en doute la Genèse, lorsqu'elle dit que la Terre a été faite avant les autres astres, et que ces derniers ont été créés le quatrième jour pour éclairer la Terre et pour mesurer les temps et les années. De là toute l'économie du Verbe incarné et la vérité des Evangiles seront rendues suspectes. Bien plus, toute la foi chrétienne, car elle suppose et enseigne que tous les astres ont été produits par le Dieu créateur, non pour l'habitation d'hommes ou d'autres créatures, mais uniquement pour éclairer la Terre de leur lumière et pour la féconder.

« Tu vois donc combien il est dangereux que ces choses soient divulguées en public, et surtout par des hommes qui par leur autorité paraîtront en faire foi ; et que c'est à bon droit que, déjà depuis le temps de Copernic, l'Eglise s'est toujours opposée à cette erreur, et que, récemment encore, non quelques cardinaux seulement, mais le chef suprême de l'Eglise, par un décret pontifical, l'a condamnée dans la personne de Galilée, et a défendu très saintement qu'elle fût enseignée à l'avenir, soit verbalement, soit par écrit. »

Cette lettre, dans l'édition de Florence, porte la date du 8 novembre 1632, ce qui est évidemment une faute d'impression. Au lieu de 1632, il faut lire sans doute 1633. En 1632, Galilée n'était pas encore condamné, et ce n'est qu'en novembre 1633, quatre mois et demi après le drame de la Minerve, que l'on pouvait dire : l'« erreur » de Copernic a été récemment condamnée dans la personne de Galilée.

L'ANGOISSE EXISTENTIELLE DE PASCAL

Celui, toutefois, qui manifeste l'angoisse existentielle de l'homme perdu entre deux infinis, ce fut Pascal. Ecoutons-le : « Le silence de ces espaces infinis m'effraie... Qu'est-ce que l'homme dans la nature ? Un néant à l'égard de l'infini, un tout à l'égard du néant, un milieu entre tout et rien... En regardant l'Univers muet et l'homme sans lumière, abandonné à lui-même et comme égaré dans ce recoin de l'Univers, sans savoir qui l'y a mis, ce qu'il est venu faire, ce qu'il devient en mourant, incapable de toute connaissance, j'entre en effroi comme un homme qu'on aurait porté endormi sur une île déserte et effroyable et qui s'éveillerait sans connaître où il est, sans moyen d'en sortir. Et, surtout, j'admire comment on n'entre point en désespoir d'un si minable état. » Toujours dans les *Pensées* il revient sur la même idée : « Je ne sais qui m'a mis au monde, ni ce que c'est que le monde, ni que moi-même ; je suis dans une ignorance terrible de toutes choses ; je ne sais ce que c'est que mon corps, que mes sens, que mon âme et cette partie même de moi qui pense ce que je dis, qui fait réflexion sur tout et sur elle-même, et ne se connaît non plus que le reste. Je vois ces effroyables espaces de l'Univers qui m'enferment, et je me trouve attaché à un coin de cette vaste étendue, sans que je sache pourquoi je suis plutôt placé en ce lieu qu'en un autre, ni pourquoi ce peu de temps qui m'est donné à vivre m'est assigné à ce point plutôt qu'à un autre de toute l'éternité qui m'a précédé et de toute celle qui me suit. Je ne vois que des infinités de toutes parts, qui m'enferment comme un atome et comme une ombre qui ne dure qu'un instant sans retour. Tout ce que je connais est que je dois bientôt mourir, mais ce que j'ignore le plus est cette mort même que je ne saurais éviter. »

Leopardi, le chantre de l'*infelicita* et de la mort, Victor Hugo dans *Olympio*, les nihilistes, les surréalistes, les théoriciens de l'absurde comme Camus, Sartre, Ionesco n'ont rien ajouté à cela. Il en est de même des savants, comme l'astrophysicien Jeans : « A quoi se réduit la vie ? Tombée comme par erreur dans un univers qui n'est pas fait pour elle, rester cramponnés à un fragment de grain de sable, jusqu'à ce que le froid de la mort nous ait restitués à la matière brute, nous passons pendant une toute petite heure sur un petit théâtre, en sachant très bien que toutes nos aspirations sont condamnées à un échec final et que tout ce que nous avons fait périra avec notre race, laissant l'univers comme si nous n'avions pas existé. »

Tout cela résultait du monde nouveau que la lunette de Galilée avait substitué au monde en cocon des Anciens et des Docteurs de l'Eglise. On pouvait s'écrier comme le Faust de Goethe :

Weh, Weh, er hat die schöne Welt gestört.

III.
LES CONSÉQUENCES MORALES
POLITIQUES ET SOCIALES :
L'AVERTISSEMENT DE CHATEAUBRIAND

Il ne semble pas que, vers le milieu du XVIIe siècle, entre la mort de Galilée en 1642 et celle de Pascal en 1662, personne n'ait soupçonné les conséquences morales, politiques et sociales que devaient entraîner à plus ou moins longue échéance le monde ouvert du *Message céleste* et l'angoisse existentialiste propre à en résulter. Si l'atronomie nouvelle révélait à la stupéfaction de l'homme un monde qui n'était pas fait à sa mesure, si les convictions religieuses en étaient ébranlées, il ne restait plus que quatre attitudes possibles : une stoïque et résignée comme celle de Marc Aurèle déclarant : « Tout ce qui t'accommode, ô Cosmos, m'accommode » ; une attitude révoltée et anarchique : « Dieu est mort, alors tout est possible ! » ; une attitude suicidaire, comme celle de Théognis : « N'être jamais né, ne voir jamais le soleil, aucun bonheur en ce monde ne pourrait être plus grand ! Après cela vient la joie de mourir et de reposer sous quelques pieds de terre » ; une attitude militante, s'efforçant de transférer la Cité de Dieu dans la Cité terrestre, grâce à la science et la technique, à la diffusion de la culture, à une justice sociale plus exigeante procurant à chacun une vie digne d'être vécue dans les sociétés qui en feraient l'effort.

Chateaubriand, dans ses méditations sur « l'avenir du monde » qui clôt ses *Mémoires d'outre-tombe*, a magnifiquement prophétisé la transformation de la structure des sociétés qui devait accompagner la diffusion de l'instruction et l'abandon des croyances religieuses. « La trop grande disparité des conditions et des fortunes ne sera plus tolérée ! Le pauvre, lorsqu'il saura lire et ne croira plus, cessera de se soumettre à toutes les privations, tandis que son voisin possède mille fois le superflu. » Ce sera la fin du vieil ordre européen fondé sur une conception hiérarchique et aristocratique de la société et sur la résignation des pauvres, en faveur de sociétés ouvertes où chacun pourra jouer librement sa chance sous la sauvegarde de lois propices à l'assurer.

12

Le newtonisme

Les menaces contre la religion que le P. Cazrée dans
sa lettre à Gassendi avait inférées du système galiléen,
l'angoisse existentialiste que devrait éprouver le libertin
que n'illumine pas la foi selon Pascal ne furent pas
ressenties comme telles par les contemporains et leurs
successeurs, et cela, paradoxalement, grâce à celui qui
devait couronner l'œuvre de Copernic, de Kepler et
de Galilée. Dans ses *Philosophiae naturalis principia
mathematica* (1687)[50], Newton établit définitivement

l'identité de la mécanique terrestre et de la mécanique céleste que les astronomes-géomètres de la Grèce, patronnés par Aristote, avaient radicalement opposées.

I.

COMMENT

LA MÉCANIQUE CÉLESTE DE NEWTON

PROUVE L'EXISTENCE DE DIEU

Moyennant trois principes, le principe d'inertie, la loi d'accélération, le principe de l'égalité de l'action et de la réaction, et une loi très simple, la loi de la gravitation universelle : « Les corps s'attirent en raison du produit de leurs masses et en raison inverse du carré de leur distance », Newton rendait compte des mouvements planétaires et de leurs aberrations, de la chute des corps et du mouvement des projectiles, du phénomène des marées et de la forme de la Terre, de la masse du Soleil et des orbites des comètes. Une telle mécanique de l'Univers où tout s'expliquait par des lois si simples en leur formulation, si riches en leurs effets, semblait ne pouvoir s'expliquer que par un grand mathématicien : *dum calculat Deus fit mundum*.

Dans la seconde édition de ses *Principes*, Newton le proclame : « Ce merveilleux système du Soleil, des planètes, des comètes, peut seulement procéder du conseil et de la domination d'un Etre intelligent et tout-puissant. Cet Etre gouverne toutes choses, non comme l'âme du monde, mais comme un Maître au-dessus de tout. » C'est ce qu'il développe dans une de ses lettres :

118

« Réaliser ce système (solaire) avec tous ses mouvements requiert une cause qui compare entre elles les quantités de matière des différents corps du Soleil et des planètes et les forces d'attraction qui en résultent, ainsi que les diverses distances des planètes au Soleil et des satellites de Saturne, de Jupiter et de la Terre... Comparer toutes ces choses les unes avec les autres dans une si grande variété de corps nécessite une cause, non pas aveugle et fortuite, mais vraiment experte en mécanique et en géométrie. »

Addison mit en vers les arguments de Newton dans un hymne célèbre qui se termine : *the hand that made us is divine.*

II.

COMMENT LE SUCCÈS

DE LA MÉCANIQUE CÉLESTE INCITE À

EXPLIQUER TOUS LES PHÉNOMÈNES NATURELS

À L'AIDE DES CAUSES FINALES

Descartes avait proscrit de sa physique la considération des causes finales : tout s'opérait *more geometrico* par « la figure et le mouvement » conduisant à un déterminisme implacable. Newton, qui lit à vingt ans le *Traité du monde* de Descartes, crayonne en marge le mot « erreur ». Il établit que l'hypothèse des tourbillons, dont disputaient les *Précieuses* de Molière, serait plus propre à troubler les phénomènes astronomiques qu'à les expliquer. Leibniz, en dévoilant « l'erreur mémorable de M. Descartes », prouve que le *Traité du monde* n'est qu'un « beau roman de physique ».

Devant la simplicité et l'économie du système newtonien, Leibniz et, à sa suite, Maupertuis, Euler pensent que l'on peut déduire les principes de la Physique de la considération des causes finales. Parmi tous les mondes possibles, Dieu a créé le meilleur des mondes possible. Le principe du meilleur, appliqué à la Physique, prend la forme du principe de moindre action qui suffit, selon Leibniz, « à rendre raison de presque toute l'Optique, Catroptique et Diotrique », et qui, avec Maupertuis et Hamilton, devient un des principes de la mécanique classique. Parlant de lui, Euler ne laisse pas de déclarer : « Comme la construction du monde est la plus parfaite possible et qu'elle est due à un Créateur infiniment sage, il n'arrive rien dans le monde qui ne présente des propriétés de maximum et de minimum. C'est pourquoi, aucun doute ne peut subsister sur ce qu'il soit également possible de déterminer tous les effets de l'Univers par les causes finales, à l'aide de la méthode des maxima et des minima, aussi bien que par leurs causes efficientes. »

La recherche des causes finales, c'est-à-dire la découverte des intentions de Dieu, devient de ce fait légitime. Aussi voit-on se multiplier en Angleterre, en Hollande, en Allemagne, les « théologies physiques » qui expliquent le mouvement des astres aussi bien que la vie des insectes, par les libres et sages décisions de Dieu[51]. Elles furent bien vite connues du public français, comme le montrent la *Physicothéologie* de Derham et son *Astro-théologie* qui eurent en français plusieurs éditions en 1728 et 1729. La *Théologie des insectes* de Lesser fut traduite en 1742 et 1745. En 1741, un libraire de La Haye fit paraître une traduction française de la

Théologie de l'eau de l'Allemand Fabricius. La France eut sa propre littérature. Elle va de l'abbé Pluche qui, à partir de 1732, développe cette interprétation finaliste de l'univers dans son *Spectacle de la nature*, jusqu'aux *Etudes de la nature* de Bernardin de Saint-Pierre en 1724, qui eurent cinq éditions coup sur coup, où se trouve le fameux passage sur le melon, doté de côtes par le ciel, pour que « cette cucurbitacée se débitât facilement, à seule fin d'être mangée en famille ».

La Mécanique céleste de Newton conduisit ainsi à une conception théologique du monde qui fut à la base de ce qu'on appellera au XVIIIe siècle « la religion nouvelle ».

Quand ils ne sont pas athées comme La Metterie et d'Holbach, ou agnostiques comme Diderot, les philosophes du XVIIIe siècle sont déistes ou, comme s'exprime le *Dictionnaire philosophique*, théistes.

Le théisme se résume en deux vers de Voltaire :

L'Univers m'embrasse et je ne puis songer
Que cette horloge existe et n'a pas d'horloger.

13

L' « Exposition du système du monde » de Laplace

L'œuvre de Newton fut complétée par Clairaut, d'Alembert, Euler, Lagrange et surtout Laplace dans son magistral *Traité de mécanique céleste* en cinq volumes, dont la première édition fut publiée de 1799 à 1825, et dont la seconde édition contient au tome IV l'*Exposition du système du monde*.

Le *Traité de mécanique céleste* semble parachever l'œuvre de Newton en répondant à deux questions restées sans réponse et qui faisaient problèmes.

1 / La précision croissante des observations avait révélé des inégalités dans les trajectoires des planètes et de la Lune. Elles s'écartaient de la forme elliptique képlérienne. Comment expliquer ces écarts ?

2 / Une seconde question concernait la stabilité du système solaire. Les courbes fermées, à peu près elliptiques, que parcourent planètes et satellites, risquent-elles de se déformer complètement, si bien que la Lune pourrait tomber sur la Terre ou Saturne se perdre dans l'espace sidéral ?

A ces deux questions, Laplace fournit des réponses adéquates. Il montra que les inégalités remarquées dans le mouvement de Jupiter et de Saturne étaient dues à l'interaction exercée entre ces deux planètes et qu'une inégalité observée dans le mouvement de la Lune était attribuable à ce que l'orbite de la Terre se déforme légèrement sous l'action des autres planètes. Laplace montrait, en outre, que les inégalités observées étaient périodiques, c'est-à-dire qu'au bout d'un temps plus ou moins long, neuf cents ans dans le cas de Jupiter et de Saturne, les orbites reprenaient le même décours. Il en résultait une grande probabilité en faveur de la stabilité du système solaire.

Ces résultats ne faisaient que confirmer la Mécanique

céleste de Newton. Mais il en fut autrement lorsque Laplace passa de la Mécanique céleste à la cosmogonie dans l'*Exposition du système du Monde*, publiée pour la première fois en 1796.

II.
COMMENT « L'EXPOSITION DU SYSTÈME DU MONDE » CONDUIT À EXPLIQUER LE MONDE PAR DES CAUSES PUREMENT MÉCANIQUES

Dans la scolie qui termine l'ouvrage des *Principia*, Newton déclare : « Cet admirable arrangement du Soleil, des planètes et des comètes ne peut être que l'ouvrage d'un être intelligent et tout-puissant. » A quoi Laplace répond : « Mais cet arrangement des planètes ne peut-il pas être lui-même un effet des lois du mouvement ? » C'est ce qu'il se proposa d'établir dans son *Exposition du système du monde*, dont une première édition parut en 1796, et dont les éditions successives, au nombre de cinq, se succédèrent de 1796 à 1824.

Laplace résume son hypothèse de la façon suivante : « L'état actuel du système solaire est le résultat d'une lente évolution à partir d'une sphère de matière diffuse, homogène, entourant le Soleil comme une gigantesque atmosphère et tournant lentement sur elle-même. Le jeu naturel des lois de la mécanique (gravitation comprise) fait alors prévoir que la nébuleuse s'aplatira, se fractionnera en anneaux concentriques dont la matière, enfin, se condensera en planètes.

« Si le système solaire s'était formé avec une parfaite

régularité, ajoutait-il, les orbites du corps qui le composent seraient des cercles dont les plans, ainsi que ceux des divers équateurs et des anneaux, coïncideraient avec le plan de l'équateur solaire. Mais on conçoit que les variétés sans nombre qui ont dû exister dans la température et la densité des diverses parties de ces grandes masses ont produit les excentricités de leurs orbites, et les déviations de leurs mouvements du plan de cet équateur. »

Laplace, d'abord prudent et réservé dans son hypothèse de la nébuleuse primitive, devint de plus en plus assuré dans les nouvelles éditions de son *Exposition du système du monde* qui se succédèrent au nombre de cinq entre 1796 et 1824. L'une des raisons de son assurance grandissante fut la découverte des nébuleuses par William Herschel à l'aide de ses grands télescopes. L'astronome anglais y voyait, à côté d'amas d'étoiles, des astres en voie de condensation. Laplace en tira la conséquence que la genèse du système solaire, telle qu'il l'avait imaginée, se reproduisait sans cesse à des milliards d'exemplaires dans l'Univers.

III.
LÀ OÙ NEWTON ABOUTIT AU DÉISME
LAPLACE ABOUTIT À L'ATHÉISME

Une telle conception du monde avait pour résultat d'éliminer « les causes finales » et toute intervention surnaturelle dans l'agencement de l'ordre cosmique. « Parcourons l'histoire des progrès de l'esprit humain et de ses erreurs, écrit Laplace, nous y verrons les causes finales reculer constamment les bornes de ses connaissances. » Là où Newton voyait la main de Dieu, Laplace voyait les effets d'un strict déterminisme qu'il a défini dans son *Essai philosophique sur les probabilités* et auquel on a donné le nom de déterminisme laplacien.

Les *Principia* de Newton aboutissaient à révéler dans la configuration de l'Univers « la main de Dieu », de ce que les déistes appelleront « le grand horloger de la nature ». L'*Exposition du système solaire*, invoquant la même Mécanique céleste et le rôle de la gravitation, aboutit, *a contrario*, à l'athéisme. Laplace ayant offert son ouvrage à Bonaparte, celui-ci, qui partageait les mêmes opinions, feignit milicieusement de s'étonner que Laplace n'eût mentionné nulle part l'auteur de l'Univers. « Je n'ai pas eu besoin de cette hypothèse », répondit Laplace. Lorsque Bonaparte rapporta cette réponse à Lagrange, ce dernier se borna à dire : « Ah ! c'est pourtant une belle hypothèse : elle explique tant de choses ! »

Ainsi la Mécanique céleste aboutissait à justifier deux conceptions radicalement inverses de l'Univers. Newton était croyant et il consacra les dernières années de sa vie à rédiger un *Commentaire de l'Apocalypse* qui fut accidentellement brûlé. Laplace et Lagrange avaient grandi au temps de l'*Encyclopédie*, de Holbach et de Diderot. Ils avaient respiré l'atmosphère de libre examen du siècle des Lumières. Newton obéissait aux exigences de sa sensibilité et de sa foi chrétienne. Laplace suivait les impératifs de son esprit critique. Chacun était tributaire de sa mentalité et de celle de son siècle.

14

La révolution einsteinienne

Le newtonisme s'était imposé grâce à l'extrême simplicité de ses lois. Toutefois il offusquait certains esprits, parce que la gravitation universelle impliquait l'idée d'action instantanée à distance. Les Cartésiens y dénonçaient une de ces causes occultes qu'ils s'étaient obstinés à proscrire. De plus, le développement des télescopes, la création de la spectroscopie mettaient en évidence des phénomènes résiduels que la mécanique céleste de Newton n'expliquait pas.

L'ABANDON DE LA CROYANCE
EN LA SIMPLICITÉ
DES LOIS NATURELLES

Parmi les phénomènes que le newtonisme n'expliquait pas figurait le déplacement séculaire du périhélie de Mercure dont la valeur, indépendamment de l'effet des perturbations, est de 43 secondes d'arc ; puis venaient la déviation des rayons lumineux au voisinage du Soleil et le décalage des raies dans le spectre solaire qui permet de vérifier directement l'influence de la gravitation sur ce qu'Einstein appelle le temps propre.

La théorie de la relativité générale qu'Einstein élabora rend compte de ces effets grâce à une nouvelle loi de gravitation qui s'exprime par dix équations déterminant dix potentiels g, ou plutôt deux groupes de dix équations valables, l'une dans le vide, l'autre à l'intérieur de la matière. Ces équations sont d'un maniement difficile. On n'a pu les résoudre que dans quelques cas particuliers[52].

Ce qui est vrai en astronomie l'est aussi dans toutes les sciences physico-chimiques. Avec l'affinement de nos techniques d'observation et d'expérimentation, le dogme de la simplicité des lois naturelles s'évanouit, qui faisait croire au grand horloger calculateur de la nature. Quoi de plus simple que la loi de Mariotte : « A température constante, le volume d'une masse de gaz varie en raison inverse de la pression. » Or, elle a dû faire place à une loi plus compliquée, celle de Van der Waals, qui n'est elle-même qu'approximative comme l'a montré Armagat. Les planètes ne décrivent pas des ellipses, ni même des courbes fermées (Gyldin). La masse des corps en mouvement ne se conserve pas : elle croît avec la vitesse. La loi de Prout subit des écarts. La plupart des lois physico-chimiques sont des lois statistiques, qui revêtent à notre échelle l'apparence de lois simples grâce à l'action pondératrice des grands nombres. Au déterminisme laplacien se substitue le déterminisme statistique. La notion de loi naturelle s'est progressivement désacralisée. C'est ce que Wundt a parfaitement exprimé en une boutade : « Au XVIIe siècle, c'est Dieu qui établit les lois de la nature ; au XVIIIe siècle, c'est la Nature elle-même ; au XIXe siècle, ce sont les savants qui s'en chargent. » La simplicité des lois naturelles a fait place au sentiment de l'étrangeté de l'Univers.

II.

L'ABANDON DES ABSOLUS NEWTONIENS :
L'ESPACE INFINI EUCLIDIEN
LE TEMPS ABSOLU UNIVERSEL

Le système newtonien implique deux absolus : un espace infini, homogène, isotrope, dont les propriétés sont celles de la géométrie euclidienne, et un temps absolu qui permet d'établir une chronologie universelle de tous les événements, valable pour tous les groupes d'observateurs. C'est ce cadre spatio-temporel, où Kant voyait les formes *a priori* de notre sensibilité, qu'est venue détruire la théorie de la relativité. Il n'y a pas un temps universel, mais seulement un *temps local* qui dépend, pour un groupe donné d'observateurs, de l'état de repos ou de mouvement du système observé. Cela implique que l'espace et le temps ne sont pas indépendants l'un de l'autre et que l'*espace-temps*, loin de s'imposer comme un cadre vide aux phénomènes physiques, est conditionné par leur présence. La structure de l'espace-temps est déterminée par la matière qui s'y trouve. Plus la matière est dense, plus elle courbe l'espace et ralentit le cours du temps. L'attraction newtonienne, le décalage vers le rouge des spectres qui nous viennent des galaxies sont autant de manifestations de cette courbure et de ce ralentissement. Pour prendre l'exemple du système solaire, les planètes qui gravitent autour du Soleil décrivent des orbites fermées, non parce qu'elles sont attirées vers le Soleil par un élastique invisible qui serait l'attraction newtonienne, mais parce que la masse du Soleil courbe l'espace. Elles se meuvent suivant les géodésiques d'un espace riemannien, tout comme des cyclistes sur un vélodrome, décrivant des trajectoires fermées par suite de la courbure de la surface sur laquelle ils se déplacent. La gravitation que l'on prenait pour une force physique est la manifestation d'une propriété géométrique de l'espace, de sa courbure au voisinage des masses sidérales.

Les conséquences de la théorie de la relativité, simple et générale, sont bouleversantes. Les notions de distance, de simultanéité, de forme perdent leur sens absolu ; seules se conservent, quand on passe d'un groupe d'observateurs à un autre, des notions beaucoup plus abstraites, telles que l'intervalle einsteinien et l'impulsion. Les vitesses ne se composent plus en s'additionnant, mais suivant une loi où intervient le carré de la vitesse de la lumière, de telle sorte que cette vitesse dans le vide est une limite infranchissable pour tout corps doué d'inertie. La masse n'est pas une caractéristique invariable des corps : elle s'accroît avec la vitesse. L'énergie cesse d'être impondérable comme dans l'ancienne physique ; elle est douée de structure, de masse et d'inertie en proportion selon la formule einsteinienne : $E = mc^2$. Il s'agit là d'un bouleversement complet de nos notions les plus fondamentales, comme celle qu'impose la contraction du temps illustrée par le boulet de Langevin, animé d'une vitesse proche de celle de la lumière. Un homme qui aurait voyagé à bord de ce boulet pendant deux ans et qui reviendrait sur la Terre trouverait sa planète vieillie de deux siècles et toute sa famille disparue. C'est ce qu'on a pu vérifier expérimentalement à l'aide des *muons*, particules qui, en repos dans un laboratoire, ont une durée de vie de 4,30 μs. En employant de grands accélérateurs, on peut leur communiquer une vitesse voisine de celle de la lumière dans le vide et les conserver sur des orbites circulaires, à l'aide d'un champ magnétique convenable, à l'intérieur d'anneaux de stockage. A l'instant où les muons immobiles, ayant accompli leur temps de vie, ont disparu, on constate que les muons qui tournent dans l'anneau de stockage n'ont vieilli que de 0,43 μs !

III.
LES THÉORIES COSMOLOGIQUES
ISSUES DE LA RELATIVITÉ GÉNÉRALE
D'EINSTEIN

D'autres conséquences, d'ordre cosmologique, ne sont pas moins stupéfiantes. L'interprétation par Hubble du décalage vers le rouge des galaxies, interprété comme la manifestation de leur vitesse d'éloignement, a conduit à la théorie de l'Univers en expansion. La découverte en 1965 par Penziar et Wilson du rayonnement thermique isotrope du ciel, considéré comme une relique de l'état primitif de l'Univers, semble confirmer les théories de Georges Lemaître suivant lesquelles le monde aurait existé à l'origine dans un état d'extrême condensation, appelé l'Atome primitif. Cet atome aurait explosé il y a quelque dix milliards d'années, volant en éclats comme un shrapnel. C'est ce que George Gamov a appelé le *Big Bang*[53]. Après un centième de seconde environ, la température de l'Univers s'est élevée à peu près à 100 milliards de degrés centigrades. Aucun des constituants de la matière ordinaire, molécules, atomes, noyaux atomiques n'aurait pu y maintenir sa cohésion. Seules pouvaient subsister ce que l'on appelle les particules élémentaires dans la physique nucléaire des hautes énergies. Avec la chute de la température apparurent des éléments de plus en plus compliqués. A la fin des trois premières minutes le contenu de l'Univers consistait essentiellement en photons, neutrinos et anti-neutrinos. A un stade beaucoup plus tardif, la fuite des galaxies serait la manifestation de l'éclatement de l'atome primitif.

La théorie du *Big Bang* est loin de faire l'unanimité des astrophysiciens. Un certain nombre d'entre eux, à la suite de Tolmann, s'orientent vers un univers « accordéon ». L'Univers se dilaterait et se contracterait alternativement, si bien que la flèche du temps se renverserait elle aussi. Enfin, l'astronome anglais Fred Hoyle a développé un autre modèle, celui d'un monde statique où la matière, qui se raréfie dans l'Univers de

Lemaître par suite de la récession des nébuleuses, reste constante grâce à la formation continuelle d'atomes d'hydrogène, à raison d'un atome d'hydrogène par litre d'espace en expansion et par milliard d'années (ce qui fait dire à George Gamow : « A ce travail, le génie créateur ne se surmenait pas »).

IV.

LES MODÈLES D'UNIVERS ISSUS DE
LA THÉORIE DE LA RELATIVITÉ GÉNÉRALE
ACTUELLEMENT EN DISCUSSION

A côté de ces modèles que l'on pourrait qualifier de « classiques », il y a la gamme des modèles « hérétiques » qui rejettent ou modifient les lois de la physique, ce qui ouvre arbitrairement la place à un choix infini. Il convient de retenir à l'actif de leurs critiques à l'adresse des systèmes considérés comme orthodoxes, certains phénomènes qui demeurent inexpliqués, tels que les quasars *(quasi stellar object)* dont le spectre lumineux est très différent des étoiles classiques. Ils émettent une énergie-radio fantastique. Le décalage de leurs raies spectrales traduit une fuite de 15 % de celle de la lumière, soit 50 000 km par seconde environ. Pour l'un d'entre eux le décalage atteindrait une vitesse de l'ordre de 80 % de celle de la lumière. On pensa expliquer ces énormes vitesses en situant les quasars à des milliards d'années-lumière. Mais cet éloignement n'arrangeait rien en ce qui concerne l'énergie-radio émise, car le calcul montre que l'énergie de la source émettrice devrait correspondre à 100 milliards de

135

soleils en train de se désagréger simultanément. Les quasars constituent le casse-tête des astrophysiciens[54].

Chacun des modèles d'Univers se heurte à divers phénomènes que les théories proposées n'expliquent pas. Hannes Alfrin (prix Nobel), spécialiste des plasmas, a cru pouvoir titrer un article : « La cosmologie, mythe ou science ? »[55].

Références

1. SCHIAPARELLI, *Scritti sulla storia dells astronomia antica*, Bologna, 1925; WEIDNER, *Handbuch der babylonischen Astronomie*, Leipzig, 1913.
2. DIODORE, II, 30.
3. BOUCHÉ-LECLERCQ, *L'astrologie grecque*, p. 165.
4. DIODORE, II, 30.
5. Franz CUMONT, *Les religions orientales*, pp. 119-121.
6. *Ibid.*, p. 120.
7. PROCLUS, *Com. sur le premier livre d'Euclide*, I, 5.
8. DIOG. LAËRCE, VIII, 25.
9. STOBÉE, *Ed. Phys.*, I, 23 ; Pseudo-PLUTARQUE, *De plac. phil.*, II, 12, 3.
10. GEMINUS, *Isag. in phaen. Arat.*, I, 12-21.
11. SIMPLICIUS, *De Caelo*, éd. Karsten, II, 219 a et 221 a.
12. SIMPLICIUS, *De Caelo*, II, 3.
13. Louis ROUGIER, *L'origine astronomique de la croyance pythagoricienne en l'immortalité céleste des âmes*, Institut français d'Archéologie orientale, Le Caire, 1933; *La religion astrale des pythagoriciens*, Paris, 1959.
14. *Cratyle*, 404 c, 421 b; ARISTOTE, *De Caelo*, 270 b.
15. *Phèdre*, 245 a - 246 a.
16. *Somn. Scip.*
17. *CIG*, 170 (Epige-Kaibel 21).
18. *Pax*, 827-837.
19. DIOGÈNE LAËRCE, II, 10; PLINE, *HN*, II, 149.
20. PLUTARQUE, *Nicias*, XXIII, 3-4.
21. *Lois*, 889 b-c.
22. *Lois*, 967 c.
23. ARISTOTE, *Met.* A, 4905 a, 18.
24. *Phédon*, 98 b - 98 c, 27.
25. XÉNOPHON, *Apologie de Socrate*, trad. OLLIER, p. 107.
26. *Lois*, 821 c.
27. *Lois*, 822 a.
28. *Ep.*, 985 a-c.
29. *De Nat. Deor.*, 20.
30. *Lois*, 2, 899 b-c.
31. Paul TANNERY, *Recherches sur l'histoire de l'astronomie ancienne*, p. 120.
32. *Ep.*, 732 d.

33. *De Nat. Deor.*, 16.

34. *Com. sur la Genèse*, Paris, Ed. des Bénédictins, 1700, t. III, p. 135.

35. *Cité de Dieu*, XVI, 9.

36. A. D. WHITE, *A history of the warfare of science with theology in Christendom*, p. 105.

37. *S. Basilii Homelia I in Hexaemaron*, 4.

38. *De Genesi ad litteram*, liber secundus, cap. XVI, 33-34.

39. Pierre DUHEM, *La cosmologie des Pères de l'Eglise, Système du Monde*, t. II, pp. 395-501.

40. Alexandre KOYRÉ, *La révolution astronomique : Copernic, Kepler, Borelli*, Hermann, 1961; Arthur KOESTLER, *Les somnambules*, Calmann-Lévy, 1960; Hermann KESTEN, *Copernic en son temps*, Calmann-Lévy, 1951.

41. Pierre DUHEM, *Essai sur la notion de théorie physique*, Hermann, 1908, pp. 77-78.

42. J. KEPLER, *Gesammelte Werke*, en 14 vol. édité par Max CASPAR, München, 1938-1945; C. G. REUSCHLE, *Kepler und die Astronomie*, Frankfurt, 1871.

43. GALILEI, *Siderus Nuncius (Le message céleste)*, texte établi, traduit et présenté par Emile NAMER, Gauthier-Villars, 1964.

44. *Lettera a Christina de Loreno*, Firenze, Sansoni, 1943; Louis ROUGIER, *La Lettre à la grande-duchesse de Toscane*, traduction et commentaires, *La Nouvelle Revue française*, 1er novembre et 1er décembre 1957.

45. *Chr. Frisch., Joannis Kepleris astronomia Opera omnia*, Frankfurt a/Main, 1858-1871, t. III, p. 154.

46. Giorgio SANTILLANA, *Le procès de Galilée*, trad. de l'italien, Le Cercle du Meilleur Livre, 1955.

47. GALILEI, *Dialogues et lettres choisies*, Hermann, 1966, p. 342; SANTILLANA, *op. cit.*, pp. 324-331.

48. Ernest RENAN, Le procès de Galilée, *Œuvres complètes*, t. VII, p. 990.

49. Bertrand RUSSELL, *L'esprit scientifique et la science dans le monde moderne*, 1947, p. 37.

50. La meilleure traduction française des *Principia* demeure celle de la marquise du CHATELET en 2 vol., Paris, 1759.

51. La meilleure étude sur l'influence des Newtoniens sur les penseurs du XVIIIe siècle se trouve dans Antoine ADAM, *Le mouvement philosophique dans la première moitié du XVIIIe siècle*, pp. 47-53.

52. Edmond BAUER, *La théorie de la relativité*, Eyrolles, 1922, p. 80.

53. G. GAMOV, *La création de l'Univers*, Dunod, 1954, pp. 25-30.

54. Steven WEINBERG, *Les trois premières minutes de l'Univers*, Seuil, 1978.

55. N. ALFRIN, La cosmologie, mythe ou science ?, *Recherches*, juillet-août 1976. Cf. Evry SCHATZMANN, La cosmologie, physique nouvelle ou classique ?, *Recherches*, juillet-août 1978.

138

Table

Imprimé en France, à Vendôme
Imprimerie des Presses Universitaires de France
1980 — N⁰ 27 076